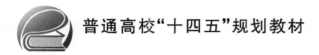

普通高校"十四五"规划教材

数字电子技术基础（第 2 版）学习指导与习题解答

刘　丽　彭朝琴　编著

北京航空航天大学出版社

内 容 简 介

本书为工业和信息化部"十二五"规划教材《数字电子技术基础》(第2版)的配套教学指导书。全书分两部分：第一部分是知识点和习题解答，归纳了各章节的知识结构、知识点和习题解答，供读者在学习过程中参考；第二部分为综合训练，精选了近年研究生入学考试试题和期末考试试题，归纳为基本训练、数字电路分析、数字电路设计三类，并给出了习题详解，供读者总复习时参考。

本书可作为普通高等学校和大中专院校的电子、电气和自动控制类专业的学习辅导书，也可供从事这方面工作的工程技术人员参考。

图书在版编目(CIP)数据

数字电子技术基础(第2版)学习指导与习题解答 / 刘丽，彭朝琴编著. －－北京：北京航空航天大学出版社，2020.6

ISBN 978－7－5124－3296－3

Ⅰ.①数… Ⅱ.①刘… ②彭… Ⅲ.①数字电路－电子技术－高等学校－教学参考资料 Ⅳ.①TN79

中国版本图书馆 CIP 数据核字(2020)第 102229 号

版权所有，侵权必究。

**数字电子技术基础(第2版)
学习指导与习题解答**
刘 丽 彭朝琴 编著
责任编辑 蔡 喆

＊

北京航空航天大学出版社出版发行

北京市海淀区学院路 37 号(邮编 100191) http://www.buaapress.com.cn
发行部电话：(010)82317024 传真：(010)82328026
读者信箱：goodtextbook@126.com 邮购电话：(010)82316936
北京建宏印刷有限公司印装 各地书店经销

＊

开本：787×1 092 1/16 印张：11.5 字数：294 千字
2020 年 8 月第 1 版 2020 年 8 月第 1 次印刷 印数：1 000 册
ISBN 978－7－5124－3296－3 定价：35.00 元

若本书有倒页、脱页、缺页等印装质量问题，请与本社发行部联系调换。联系电话：(010)82317024

前　言

　　本书是北京航空航天大学胡晓光教授主编的《数字电子技术基础》（第 2 版）教材配套的学习指导与习题解答，旨在以学生为本，为学生在《数字电子技术基础》学习、复习、考试、考研提供循序渐进的学习与复习指导。

　　全书分两部分：第一部分包括逻辑代数基础、门电路、组合数字电路、触发器和定时器、时序数字电路、存储器及大规模集成电路、数模与模数转换器，在梳理归纳各章知识结构和知识点的基础上，详细讲解各章习题，为读者学习和复习提供学习指导，增强其对基础知识的理解。第二部分为综合训练，精选了近年来研究生入学考试试题和期末考试试题 100 道，并给出了详细解答；基本训练题主要涵盖了教材中的基本概念；数字电路分析题包括组合逻辑电路分析和时序逻辑电路分析；数字电路设计题包括组合逻辑电路设计和时序逻辑电路的设计；本部分是在读者掌握了全书的概念和知识之后，进行综合训练使用，利于读者进行总复习，以增强对理论知识在工程实践中灵活应用的感性认识，提高数字电路的分析与设计能力。

　　本书由刘丽编写，彭朝琴审校。在本书的编写过程中，胡晓光教授给予了宝贵的建议，在此表示衷心感谢。同时，本书是北京航空航天大学自动化学院数字电子技术基础课程组全体老师多年的教学积累，在此一并致谢！由于编者水平有限，书中如有错误和不妥之处，恳请读者批评指正。

编者
2020 年 6 月于北京

目　　录

第一部分　知识点和习题解答

第 1 章　逻辑代数基础 ··· 3
1.1　知识点归纳 ··· 3
1.2　习题解答 ··· 6

第 2 章　门电路 ··· 15
2.1　知识点归纳 ··· 15
2.2　习题解答 ··· 19

第 3 章　组合数字电路 ·· 23
3.1　知识点归纳 ··· 23
3.2　习题解答 ··· 27

第 4 章　触发器和定时器 ·· 39
4.1　知识点归纳 ··· 39
4.2　习题解答 ··· 43

第 5 章　时序数字电路 ·· 58
5.1　知识点归纳 ··· 58
5.2　习题解答 ··· 62

第 6 章　存储器及大规模集成电路 ··· 85
6.1　知识点归纳 ··· 85
6.2　习题解答 ··· 86

第 7 章　数模与模数转换器 ·· 92
7.1　知识点归纳 ··· 92
7.2　习题解答 ··· 93

第二部分 综合训练

综合训练 A 基本训练题 ·· 99

综合训练 B 数字电路分析题 ·· 120

综合训练 C 数字电路设计题 ·· 146

第一部分

知识点和习题解答

第1章 逻辑代数基础

1.1 知识点归纳

1. 本章知识结构(见图1.1)

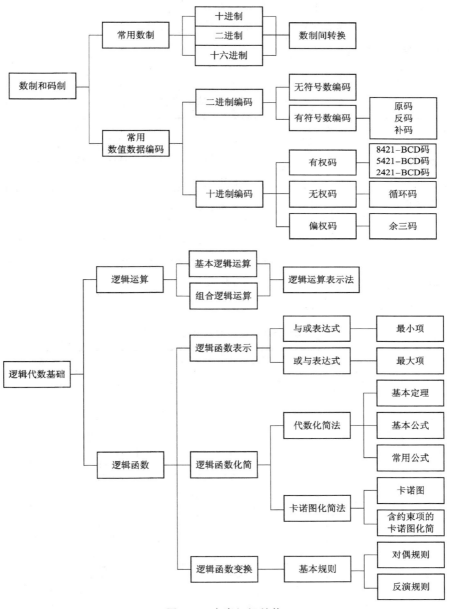

图1.1 本章知识结构

2. 常用数制

N 进制数的表示式为

$$D = \sum_{i} k_i N^i$$

其中，N 为基数，N^i 为第 i 位的权，k_i 为第 i 位的系数，$k_i = 0, 1, \cdots, N-1$。

常用数制有二进制数、十进制数、十六进制，对应的 $N = 2, 10, 16$。

3. 不同数制之间的转换

十进制数转换为任意进制数（整数部分）：除基取余法。

十进制数转换为任意进制数（小数部分）：乘基取整法。

任意进制数转换为十进制数：按权展开法。

4. 有符号数据的编码

有符号数据的编码见表 1-1。

表 1-1 有符号数据的编码

编码	定义	求法
原码	$[X]_\text{原} = \begin{cases} X, & 0 \leqslant X < 2^{n-1} \\ 2^{n-1} - X, & -2^{n-1} < X \leqslant 0 \end{cases}$	数值部分为数据的绝对值，符号位 0 表示正数，1 表示负数
反码	$[X]_\text{反} = \begin{cases} X, & 0 \leqslant X < 2^{n-1} \\ 2^n - 1 + X, & -2^{n-1} < X \leqslant 0 \end{cases}$	正数的反码与原码相同，负数反码的符号位与原码相同，数值部分为原码数值部分按位取反
补码	$[X]_\text{补} = \begin{cases} X, & 0 \leqslant X < 2^{n-1} \\ 2^n + X, & -2^{n-1} \leqslant X \leqslant 0 \end{cases}$	正数的补码与原码相同，负数的补码为其反码加 1

5. 常用十进制数的编码

常用十进制数的编码见表 1-2。

表 1-2 常用十进制数的编码

十进制	BCD8421	BCD5421 码	BCD2421 码	余 3 码	格雷码
0	0000	0000	0000	0011	0000
1	0001	0001	0001	0100	0001
2	0010	0010	0010	0101	0011
3	0011	0011	0011	0110	0010
4	0100	0100	0100	0111	0110
5	0101	1000	1011	1000	0111
6	0110	1001	1100	1001	0101
7	0111	1010	1101	1010	0100
8	1000	1011	1110	1011	1100
9	1001	1100	1111	1100	1000
特点	各位权为 8421	5~9 的 5421 码为 8421 码+3	5~9 的 2421 码为 8421 码+6	为 8421 码+3	相邻码之间仅一位不同

6. 逻辑运算

逻辑运算见表 1-3。

表 1-3 逻辑运算

逻辑运算	逻辑表达式	逻辑符号	特点
与	$F=A \cdot B$		有 0 出 0
或	$F=A+B$		有 1 出 1
非	$F=\overline{A}$		
与非	$F=\overline{A \cdot B}$		有 0 出 1
或非	$F=\overline{A+B}$		有 1 出 0
与或非	$F=\overline{AB+CD}$		
异或	$F=\overline{A}B+A\overline{B}=A \oplus B$		不同出 1
同或	$F=AB+\overline{A}\overline{B}=A \odot B$		相同出 1

7. 基本定理

还原律：$\overline{\overline{A}}=A$。

交换律：$A \cdot B=B \cdot A, A+B=B+A$。

结合律：$A \cdot (B \cdot C)=(A \cdot B) \cdot C, A+(B+C)=(A+B)+C$。

分配律：$A \cdot (B+C)=A \cdot B+A \cdot C, A+B \cdot C=(A+B) \cdot (A+C)$。

反演律：$\overline{AB}=\overline{A}+\overline{B}, \overline{A+B}=\overline{A} \cdot \overline{B}$（摩根定律）。

8. 常用公式

吸收律：$A+\overline{A}B=A+B, A+AB=A$。

包含律：$AB+\overline{A}C+BC=AB+\overline{A}C, AB+\overline{A}C+BCDEF=AB+\overline{A}C$。

9. 基本规则

(1) 对偶规则：如果两个函数相等，则它们的对偶函数也相等。

对偶式：在一个逻辑函数式 P 中，实行**与或**互换、**0-1** 互换，得到的新逻辑式 P'。

(2) 反演规则：将函数式 F 进行**与或**互换、**0-1** 互换、原反互换得到反函数 $\overline{F}$。

10. 逻辑函数的变换(见图 1.2)

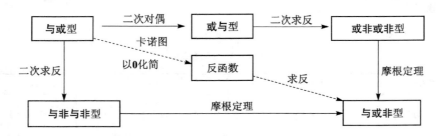

图 1.2 逻辑函数的变换

11. 逻辑函数化简

逻辑函数化简是将给定的逻辑函数化简为最简**与或**表达式。

(1) 逻辑函数化简的原则如下：

① **与或**表达式形式。

② 与项要少(省器件——用最少的门)。

③ 构成与项的变量要少(器件结构简单——门的输入最少)。

(2) 化简方法如下：

① 代数法：利用公式和定理。

② 卡诺图法：利用卡诺图。其优点是直观、方便、**与**项最简；缺点是变量多时不方便。

12. 卡诺图化简

卡诺图化简的原则(实质：省器件——用最少的门，门的输入也最少)为：

(1) 每个圈应包含尽可能多的最小项，且符合 2^n 原则(门电路的输入端最少)；

(2) 每个圈至少有一个最小项未被其他圈圈过(非冗余)；

(3) 圈的数目应尽可能少(门电路最少)；

(4) 所有等于 1 的单元都必须被圈过，某一单元可多次被圈(保证功能)；

(5) 多输出逻辑函数化简时，在**与或**表达式中要尽量寻找公共的**与**项(公用门电路)。

13. 包含约束项的卡诺图化简

约束项：有些输入变量的组合不被允许(或不可能发生)。

含任意项的逻辑函数化简时，约束项可取 0 或 1。

1.2 习题解答

【**习题 1.1**】将下列十进制数转换为二进制数。

(1) 31； (2) 40； (3) 69； (4) 123； (5) 200； (6) 254。

解：可先用除基取余法将十进制数转换成十六进制数，再转换成二进制数；也可以直接用除基取余法将十进制数转换成二进制数。

(1) $(31)_{10} = (1F)_{16} = (11111)_2$。

(2) $(40)_{10} = (28)_{16} = (10\ 1000)_2$。

(3) $(69)_{10} = (45)_{16} = (100\ 0101)_2$。

(4) $(123)_{10}=(7B)_{16}=(111\ 1011)_2$。

(5) $(200)_{10}=(C8)_{16}=(1100\ 0000)_2$。

(6) $(254)_{10}=(FE)_{16}=(1111\ 1110)_2$。

【习题 1.2】计算下列用补码表示的二进制数的代数和。如果和为负数,请求出负数的绝对值。

(1) 01001011+11001011；　　　(2) 00111110+11011111；

(3) 00011110+11001110；　　　(4) 00110111+10110101；

(5) 11000010+00100001；　　　(6) 00110010+11100010；

(7) 11011111+11000010；　　　(8) 11100010+11001110。

解：用补码表示二进制数进行加法运算时,符号位与数值部分一样进行加法运算,结果为和的补码表示形式,见表 1-4。

表 1-4　习题 1.2 的解

题号	代数和	绝对值
(1)	0001 0110	
(2)	0001 1101	
(3)	1110 1100（负数）	001 0100
(4)	1110 1100（负数）	001 0100
(5)	1110 0011（负数）	001 1101
(6)	0001 0100	
(7)	1010 0001（负数）	101 1111
(8)	1011 0000（负数）	101 0000

【习题 1.3】与非门、或非门及异或门逻辑符号如图 1.3(a)所示,若 A、B 的波形如图 1.3(b)所示,请画出 F_1、F_2、F_3 的波形图。

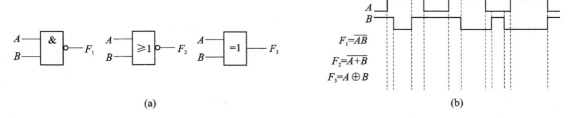

图 1.3　习题 1.3

解：根据基本逻辑运算可获得,见图 1.4。

【习题 1.4】求下列函数的反函数。

(1) $F=AB+\overline{A}\ \overline{B}$；

(2) $F=ABC+AB\overline{C}+A\overline{B}C+A\overline{B}\ \overline{C}$；

(3) $F=A\overline{B}+B\overline{C}+C(\overline{A}+D)$；

(4) $F=B(A\overline{D}+C)(C+D)(A+\overline{B})$。

解：按反演定律可得：

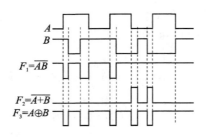

图 1.4 习题 1.3 的解

(1) $\overline{F}=(\overline{A}+\overline{B})(A+B)$。

(2) $\overline{F}=(\overline{A}+\overline{B}+\overline{C})(\overline{A}+\overline{B}+C)(\overline{A}+B+\overline{C})(\overline{A}+B+C)$。

(3) $\overline{F}=(\overline{A}+B)(\overline{B}+C)(\overline{C}+A\overline{D})$。

(4) $\overline{F}=\overline{B}+(\overline{A}+D)\overline{C}+\overline{C}\overline{D}+\overline{A}B$。

【习题 1.5】写出下列函数的对偶式。

(1) $F=(A+B)(\overline{A}+C)(C+DE)+E$；

(2) $F=\overline{\overline{\overline{AB}\,\overline{CB}}\,\overline{\overline{DA}\,\overline{B}}}$；

(3) $F=\overline{\overline{\overline{A}+B}+\overline{\overline{B}+C}+\overline{\overline{A}+C}+\overline{B+C}}$；

(4) $F=\overline{\overline{XYZ}+\overline{X}\,\overline{YZ}}$。

解：按对偶规则可得

(1) $F'=[AB+\overline{A}C+C(D+E)]E$。

(2) $F'=\overline{\overline{\overline{A+B}+\overline{C+B}}+\overline{\overline{D+A}+\overline{B}}}$。

(3) $F'=\overline{\overline{\overline{AB}\,\overline{BC}}\,\overline{\overline{AC}\,\overline{BC}}}$。

(4) $F'=\overline{\overline{X+Y+Z}\,\overline{\overline{X}+\overline{Y}+Z}}$。

【习题 1.6】证明函数 $F=C(A\overline{B}+\overline{A}B)+\overline{C}(\overline{AB+\overline{A}\,\overline{B}})$ 为自对偶函数。

证法一：

$F=C(A\overline{B}+\overline{A}B)+\overline{C}(\overline{AB+\overline{A}\,\overline{B}})$

$\quad=C(A\overline{B}+\overline{A}B)+A\,\overline{B}\,\overline{C}+\overline{A}BC$

$\quad=ABC+\overline{A}\,\overline{B}C+A\overline{B}\,\overline{C}+\overline{A}B\overline{C}$。

$F'=[C+(A+\overline{B})(\overline{A}+B)]\,[\overline{C}+\overline{(A+\overline{B})(\overline{A}+B)}]$

$\quad=C(A+\overline{B})(\overline{A}+B)+\overline{C}\,\overline{AB+\overline{A}\,\overline{B}}$

$\quad=C(AB+\overline{A}\,\overline{B})+\overline{C}(A\overline{B}+\overline{A}B)$

$\quad=ABC+\overline{A}\,\overline{B}C+A\overline{B}\,\overline{C}+\overline{A}B\overline{C}=F$。

∴ 函数 $F=C(A\overline{B}+\overline{A}B)+\overline{C}(\overline{AB+\overline{A}\,\overline{B}})$ 为自对偶函数。

证法二：利用异或与同或之间的关系，有

$F'=[C+(A+\overline{B})(\overline{A}+B)]\,[\overline{C}+\overline{(A+\overline{B})(\overline{A}+B)}]$

$$=(C+A\overline{B}+\overline{A}\,\overline{B})[\overline{C}+\overline{(AB+\overline{A}\,\overline{B})}]$$
$$=[C+\overline{(A\overline{B}+AB)}](\overline{C}+\overline{AB}+\overline{A}\,\overline{B})=C\,\overline{A\overline{B}}+\overline{A}\,\overline{B}+\overline{C}\,(A\overline{B}+\overline{AB})=F_{\circ}$$

【习题 1.7】 用布尔代数的基本公式和规则证明下列等式：
(1) $A\overline{B}+BD+\overline{A}D+DC=A\overline{B}+D$；
(2) $AB\overline{D}+A\,\overline{B}\,\overline{D}+ABC=A\overline{D}+ABC$；
(3) $BC+D+\overline{D}(\overline{B}+\overline{C})(DA+B)=B+D$；
(4) $ACD+A\overline{C}D+\overline{A}D+BC+B\overline{C}=B+D$；
(5) $AB+BC+CA=(A+B)(B+C)(C+A)$；
(6) $ABC+\overline{A}\,\overline{B}\,\overline{C}=\overline{A\overline{B}+B\overline{C}+C\overline{A}}$；
(7) $A\overline{B}+B\overline{C}+C\overline{A}=\overline{A}B+\overline{B}C+\overline{C}A$；
(8) $(Y+\overline{Z})(W+X)(\overline{Y}+Z)(Y+Z)=YZ(W+X)$；
(9) $(A+B)(A+\overline{B})(\overline{A}+B)(\overline{A}+\overline{B})=0$；
(10) $(AB+\overline{A}\,\overline{B})(BC+\overline{B}\,\overline{C})(CD+\overline{C}\,\overline{D})=\overline{A\overline{B}+B\overline{C}+C\overline{D}+D\overline{A}}$；
(11) $A\oplus B\oplus C=A\odot B\odot C$；
(12) 如果 $\overline{A\oplus B}=0$，证明 $\overline{AX+BY}=A\overline{X}+B\overline{Y}$。

证明：
(1) 左边 $=A\overline{B}+BD+AD+\overline{A}D+DC=A\overline{B}+BD+D+DC=A\overline{B}+D$ =右边。
(2) 左边 $=A\overline{D}(B+\overline{B})+ABC=A\overline{D}+ABC=$右边。
(3) 左边 $=BC+D+(\overline{B}+\overline{C})(DA+B)$
    $=BC+D+DA\overline{B}+DA\overline{C}+B\overline{C}=B+D$ =右边。
(4) 左边 $=AD+\overline{A}D+B=D+B$ =右边。
(5) 右边 $=(AB+AC+B+BC)(C+A)$
    $=(AC+B)(C+A)=AC+BC+AB$ =左边。
(6) 右边 $=\overline{A\overline{B}}\;\overline{B\overline{C}}\;\overline{C\overline{A}}=(\overline{A}+B)(\overline{B}+C)(\overline{C}+A)$
    $=(\overline{A}\,\overline{B}+AC+BC)(\overline{C}+A)=ABC+\overline{A}\,\overline{B}\,\overline{C}=$左边。
(7) 左边 $=A\overline{B}+B\overline{C}+C\overline{A}+C\overline{A}+A\overline{B}+B\overline{C}=\overline{A}B+\overline{B}C+\overline{C}A$ =右边。
(8) 左边 $=(YZ+\overline{Z}\,\overline{Y})(W+X)(Y+Z)=YZ(W+X)$ =右边。
(9) 左边 $=(A+A\overline{B}+AB)(\overline{A}+\overline{A}B+\overline{A}\,\overline{B})=A\overline{A}=0=$右边。
(10) 左边 $=(ABC+\overline{A}\,\overline{B}\,\overline{C})(CD+\overline{C}\,\overline{D})=ABCD+\overline{A}\,\overline{B}\,\overline{C}\,\overline{D}$。
     右边 $=\overline{A\overline{B}}\;\overline{B\overline{C}}\;\overline{C\overline{D}}\;\overline{D\overline{A}}=(\overline{A}+B)(\overline{B}+C)(\overline{C}+D)(\overline{D}+A)$
     $=(\overline{A}\,\overline{B}+AC+BC)(\overline{C}\,\overline{D}+AC+AD)=ABCD+\overline{A}\,\overline{B}\,\overline{C}\,\overline{D}=$左边。
(11) 左边 $=(A\overline{B}+\overline{A}B)\overline{C}+(AB+\overline{A}\,\overline{B})C=A\overline{B}\,\overline{C}+\overline{A}B\overline{C}+ABC+\overline{A}\,\overline{B}C$
     $=A(BC+\overline{B}\,\overline{C})+\overline{A}(\overline{B}C+B\overline{C})=A\odot B\odot C=$右边。
(12) 左边 $=\overline{AX+BY}=(\overline{A}+\overline{X})(\overline{B}+\overline{Y})=\overline{A}\,\overline{B}+\overline{A}\,\overline{Y}+\overline{B}\,\overline{X}+\overline{X}\,\overline{Y}+\overline{A}B+AB$
     $=\overline{A}\,\overline{B}+\overline{A}\,\overline{Y}+\overline{B}\,\overline{X}+\overline{X}\,\overline{Y}+A\overline{B}+B\overline{Y}+A\overline{X}$
     $=\overline{A}\,\overline{B}+AB+B\overline{Y}+A\overline{X}=B\overline{Y}+A\overline{X}=$右边。

【习题 1.8】 用公式将下列逻辑函数化简为最简**与或**式。

(1) $F=\overline{A}\ \overline{B}+(AB+A\overline{B}+\overline{A}B)C$；

(2) $F=(X+Y)Z+\overline{X}\ \overline{Y}W+ZW$；

(3) $F=AB+\overline{A}C+\overline{B}\ \overline{C}$；

(4) $F=AB+\overline{A}\ \overline{B}C+BC$；

(5) $F=\overline{A}B+\overline{A}C+\overline{B}\ \overline{C}+AD$；

(6) $F=\overline{A}\ \overline{B}+\overline{A}CD+AC+B\overline{C}$；

(7) $F=AC+\overline{A}\ \overline{B}+\overline{B}\ \overline{C}\ \overline{D}+BE\overline{C}+DE\overline{C}$；

(8) $F=A(B+\overline{C})+\overline{A}(\overline{B}+C)+BCD+\overline{B}\ \overline{C}D$。

解：

(1) $F=\overline{A}\ \overline{B}+(AB+A\overline{B}+\overline{A}B)C=\overline{A+B}+(A+B)C=\overline{A+B}+C=\overline{A}\ \overline{B}+C$.

(2) $F=(X+Y)Z+\overline{X}\ \overline{Y}W+ZW=\overline{\overline{X}\ \overline{Y}}Z+\overline{X}\ \overline{Y}W+ZW$
$=\overline{\overline{X}\ \overline{Y}}Z+\overline{X}\ \overline{Y}W=XZ+YZ+\overline{X}\ \overline{Y}W$。

(3) $F=AB+\overline{A}C+\overline{B}\ \overline{C}$ 经检验已是最简形式。

或 $F=\overline{A}\ \overline{B}+A\overline{C}+BC$。

(4) $F=AB+\overline{A}\ \overline{B}C+BC=AB+(\overline{A}\ \overline{B}+B)C=AB+\overline{A}C+BC=AB+\overline{A}C$。

(5) $F=\overline{A}B+\overline{A}C+\overline{B}\ \overline{C}+AD=\overline{A}B+\overline{B}\ \overline{C}+\overline{A}\ \overline{C}+\overline{A}C+AD$
$=\overline{A}B+\overline{B}\ \overline{C}+\overline{A}+AD=\overline{B}\ \overline{C}+\overline{A}+D$。

(6) $F=\overline{A}\ \overline{B}+\overline{A}CD+AC+B\overline{C}=\overline{A}\ \overline{B}+B\overline{C}+\overline{A}\ \overline{C}+\overline{A}CD+AC$
$=\overline{A}\ \overline{B}+B\overline{C}+\overline{A}\ \overline{C}+AC=\overline{A}\ \overline{B}+B\overline{C}+AC$。

或 $F=\overline{A}\ \overline{B}+\overline{A}CD+AC+B\overline{C}+AB+\overline{A}\ \overline{C}+BC=AB+\overline{A}\ \overline{C}+BC$。

(7) $F=AC+\overline{A}\ \overline{B}+\overline{B}\ \overline{C}\ \overline{D}+BE\overline{C}+DE\overline{C}$
$=AC+\overline{A}\ \overline{B}+\overline{C}(\overline{B}\ \overline{D}+E\overline{B}\ \overline{D})=AC+\overline{A}\ \overline{B}+BC+\overline{B}\ \overline{C}\ \overline{D}+E\overline{C}$
$=AC+\overline{A}\ \overline{B}+BC+\overline{B}\ \overline{D}+E\overline{C}=AC+\overline{A}\ \overline{B}+\overline{B}\ \overline{D}+E\overline{C}$。

(8) $F=A(B+\overline{C})+\overline{A}(\overline{B}+C)+BCD+\overline{B}\ \overline{C}D$
$=AB+A\overline{C}+\overline{A}\ \overline{B}+\overline{A}C+BCD+\overline{B}\ \overline{C}D$
$=AB+A\overline{C}+\overline{A}\ \overline{B}+\overline{A}C=AB+A\overline{C}+\overline{A}\ \overline{B}+\overline{A}C+\overline{B}\ \overline{C}=AB+\overline{A}C+\overline{B}\ \overline{C}$。

或 $F=AB+A\overline{C}+\overline{A}\ \overline{B}+\overline{A}C+BC=\overline{A}\ \overline{B}+A\overline{C}+BC$。

【**习题 1.9**】图 1.5 为由与非门组成的电路，输入 A、B 的波形如图 1.5 所示，试画出 F 的波形。

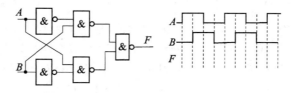

图 1.5　习题 1.9

解：先写出并化简 F 表达式为 $F=A\oplus B$，根据其逻辑关系画出 F 的波形，如图 1.6 所示。

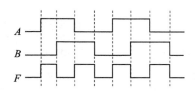

图 1.6 习题 1.9 的解

【**习题 1.10**】逻辑函数 $F=(A+\overline{B})(A+B)(\overline{A}+B)(\overline{AD}+C)+\overline{C+\overline{A}+\overline{B}}(\overline{B}\ \overline{C}D+C\overline{D})$。若 A、B、C、D 的输入波形如图 1.7 所示,画出逻辑函数 F 的波形。

解:先化简逻辑函数 F,根据化简后的 F 逻辑关系画出其波形,如图 1.8 所示。

$$F=(A+\overline{B})(A+B)(\overline{A}+B)(\overline{AD}+C)+\overline{C+\overline{A}+\overline{B}}(\overline{B}\ \overline{C}D+C\overline{D})$$
$$=(A+AB+A\overline{B})(\overline{A}\overline{D}+\overline{A}C+\overline{A}BD+BC)+ABC(\overline{B}\ \overline{C}D+C\overline{D})$$
$$=A(\overline{A}\overline{D}+\overline{A}C+\overline{A}BD+BC)=ABC。$$

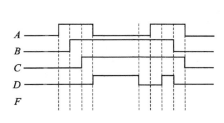

图 1.7 习题 1.10

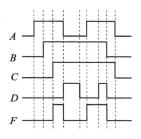

图 1.8 习题 1.10 的解

【**习题 1.11**】用卡诺图将下列函数化为最简**与或**式。

(1) $F=\sum m^3(0,1,2,4,5,7)$;

(2) $F=\sum m^4(0,1,2,3,4,6,7,8,9,11,15)$;

(3) $F=\sum m^4(3,4,5,7,9,13,14,15)$;

(4) $F=\sum m^4(2,3,6,7,8,10,12,14)$;

(5) $F=\sum m^4(0,1,2,5,8,9,10,12,14)$。

解:

(1) $F=\overline{B}+AC+\overline{A}\ \overline{C}$。

(2) $F=CD+\overline{A}\ \overline{D}+\overline{B}\ \overline{C}$。

(3) $F=\overline{A}B\overline{C}+\overline{A}CD+A\overline{C}D+ABC$。

(4) $F=A\overline{D}+\overline{A}C$。

(5) $F=A\overline{D}+\overline{B}\ \overline{C}+\overline{B}\ \overline{D}+\overline{A}\ \overline{C}D$。

(1)~(5)对应的卡诺图如图 1.9 所示。

【**习题 1.12**】用卡诺图将下列函数化为最简**与或**式。

(1) $F=ABC+\overline{A}\ \overline{B}C+\overline{A}B\overline{C}+A\overline{B}\ \overline{C}+\overline{A}\ \overline{B}\ \overline{C}$;

(2) $F=AC+ABC+A\overline{C}+\overline{A}\ \overline{B}\ \overline{C}+BC$;

(3) $F=\overline{A}+ABC+B\overline{C}+\overline{A}\ \overline{B}+\overline{B}$;

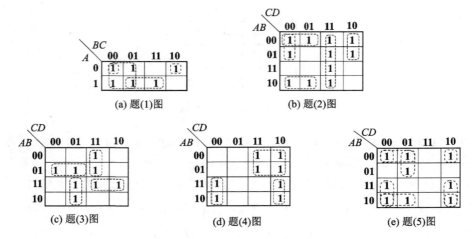

图 1.9 习题 1.11 的解

(4) $F = \overline{B}\,\overline{D} + ABCD + \overline{A}\,\overline{B}\,\overline{C}$；

(5) $F = \overline{A}BCD + ABC + DC + D\overline{C}B + \overline{A}BC$。

解：

(1) $F = \overline{B}\,\overline{C} + \overline{A}\,\overline{C} + \overline{A}\,\overline{B} + ABC$。

(2) $F = A + \overline{B}\,\overline{C} + BC$。

(3) $F = 1$。

(4) $F = \overline{B}\,\overline{D} + ABCD + \overline{A}\,\overline{B}\,\overline{C}$。

(5) $F = DC + BC + BD$。

(1)~(5)对应的卡诺图如图 1.10 所示。

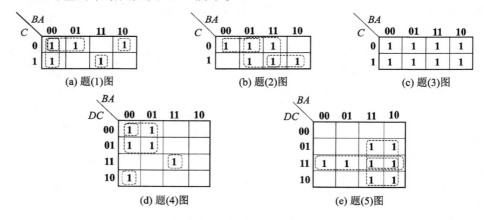

图 1.10 习题 1.12 的解

【**习题 1.13**】将下列具有无关最小项的函数化为最简与或式。

(1) $F = \sum m^4(0,2,7,13,15) + \sum d(1,3,5,6,8,10)$；

(2) $F = \sum m^4(0,3,5,6,8,13) + \sum d(1,4,10)$；

(3) $F = \sum m^4(0,2,3,5,7,8,10,11) + \sum d(14,15)$；

(4) $F = \sum m^4(2,3,4,5,6,7,11,14) + \sum d(9,10,13,15)$。

解：

(1) $F = \overline{A}\ \overline{B} + BD$。

$\sum d(1,3,5,6,8,10) = 0$。

(2) $F = \overline{A}\ \overline{B}D + \overline{B}\ \overline{C}\ \overline{D} + A\overline{C}\ \overline{D} + BCD$。

$\sum d(1,4,10) = 0$。

(3) $F = \overline{B}\ \overline{D} + CD + \overline{A}BD$。

$\sum d(14,15) = 0$。

(4) $F = \overline{A}B + C$。

$\sum d(9,10,13,15) = 0$。

(1)～(4)对应的卡诺图如图 1.11 所示。

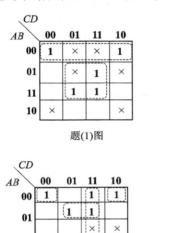

题(1)图

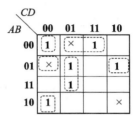

题(2)图

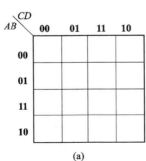

题(3)图

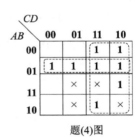

题(4)图

图 1.11 习题 1.13 的解

【**习题 1.14**】用卡诺图化简下列带有约束条件的逻辑函数。

(1) $P_1(A,B,C,D) = \sum m^4(3,6,8,9,11,12) + \sum d(0,1,2,13,14,15)$，卡诺图如图 1.12(a)所示。

(2) $P_2(A,B,C,D) = \sum m^4(0,2,3,4,5,6,11,12) + \sum d(8,9,10,13,14,15)$，卡诺图如图 1.12(b)所示。

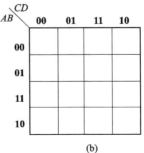

(a)   (b)

图 1.12 习题 1.14

解：

(1) $P_1(A,B,C,D) = \sum m(3,6,8,9,11,12) + \sum d(0,1,2,13,14,15)$
$= A\bar{C} + \bar{B}D + BC\bar{D}$（或 $\bar{A}CD$）。

(2) $P_2(A,B,C,D) = \sum m(0,2,3,4,5,6,11,12) + \sum d(8,9,10,13,14,15)$
$= \bar{B}C + B\bar{C} + \bar{D}$。

(1)和(2)对应的卡诺图如图 1.13 所示。

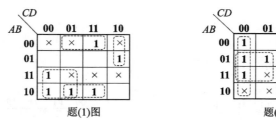

题(1)图　　　　　题(2)图

图 1.13　习题 1.14 的解

【习题 1.15】 画出用**与非**门和反相器实现下列函数的逻辑图。

(1) $F = AB + BC + AC$；

(2) $F = A\,\overline{BC} + \overline{\overline{A}\,\overline{B}} + \overline{A\,\overline{B}} + BC$。

解： 先将逻辑函数变换成**与非**与非表达式。

(1) $F = AB + BC + AC = \overline{\overline{AB} \cdot \overline{BC} \cdot \overline{AC}}$。

(2) $F = A\,\overline{BC} + \overline{\overline{A}\,\overline{B}} + \overline{A\,\overline{B}} + BC$
$= A\,\overline{BC} + \overline{A\,\overline{B} \cdot \overline{\overline{A}\,\overline{B}} \cdot \overline{BC}} = A\,\overline{BC} = \overline{\overline{A\,\overline{BC}}}$。

据此绘制的逻辑图如图 1.14 所示。

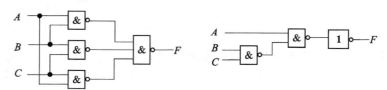

图 1.14　习题 1.15 的解

第 2 章　门电路

2.1　知识点归纳

1. 本章知识结构(见图 2.1)

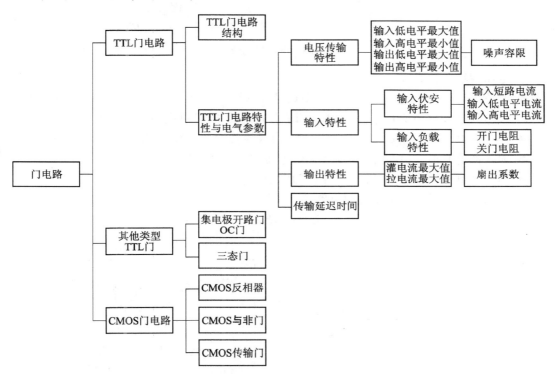

图 2.1　本章知识结构

2. TTL 与非门电路结构(见图 2.2)

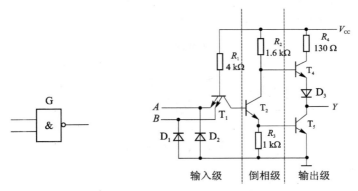

图 2.2　TTL 与非门电路结构

3. TTL 门电路的电气特性及主要电气参数

(1) 电压传输特性及传输参数如下。

① 电压传输特性为 $u_o = f(u_i)$，如图 2.3 所示。

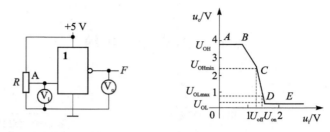

图 2.3　电压传输特性

② 电压传输参数有：

- 阈值电压（门槛电平）——转折区中点对应的输入电压：1.4 V（U_{off}、U_{ON} 之间）。
- 输出高电平最小值 U_{OHmin}——U_{off}（T_5 由截止到线性）对应的输出电平（2.4 V）。
- 输出低电平最大值 U_{OLmax}——U_{on}（T_5 由线性到饱和）对应的输出电平（0.4 V）。
- 输入低电平最大值 U_{ILmax}——比关门电压 U_{off} 小，定义为 0.8 V。
- 输入高电平最小值 U_{IHmin}——比开门电平 U_{on} 大，定义为 2.0 V。
- 输入电压的噪声容限——门电路抗干扰能力，可表示为

$$S_N = \min(S_{NL}, S_{NH}) = 0.4\text{ V}$$

如图 2.4 所示。

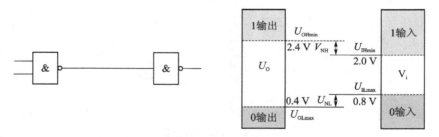

图 2.4　输入电压噪声容限

(2) 输入特性及输入参数如下。

① 输入伏安特性为 $i_i = f(u_i)$，如图 2.5 所示。

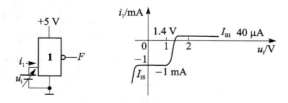

图 2.5　输入伏安特性

输入低电平 $u_i=0.3$ V 时,输入低电平电流 $I_{IL}=-\dfrac{5-0.7-0.3}{4\,000}=-0.001$ A $=-1$ mA;

输入短路 $u_i=0$ V 时,输入短路电流 $I_{IS}=-1.2$ mA;

输入高电平 $u_i=3.6$ V 时,输入高电平电流 $I_{IH}=40$ μA。

② 输入端负载特性(电阻特性)为 $u_i=f(R_i)$,如图 2.6 所示。

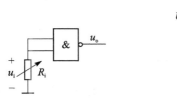
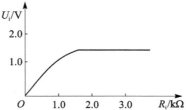

图 2.6 输入端负载特性

当输入电阻 R_i 较小时,相当于输入低电平(使 $u_i \leqslant U_{ILmax}=0.8$ V)。

当输入电阻 R_i 较大时,相当于输入接高电平。

对于 TTL 门电路而言,输入端悬空时相当于接 **1**。

(3) 输出特性为 $u_o=f(I_o)$,如图 2.7 所示。

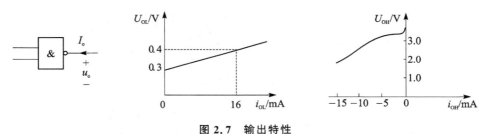

图 2.7 输出特性

当门电路输出低电平 $U_{OL} \leqslant U_{OLmax}=0.4$ V 时,得到输出低电平时最大负载电流(灌电流) $I_{OLmax}=16$ mA;

门电路在输出为高电平时,由于受到功耗限制,高电平输出电流的最大值为 0.4 mA。

扇出系数 $N=\min(N_L,N_H) \approx 10$ 个端头,其中 $N_L=I_{OLmax}/I_{IL}$, $N_H=I_{OHmax}/I_{IH}$。

(4) 传输延迟时间如图 2.8 所示。

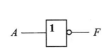
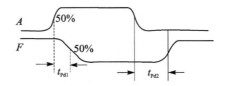

图 2.8 传输延迟时间

平均传输延迟时间为 $t_{Pd}=\dfrac{t_{Pd1}+t_{Pd2}}{2}$。

4. 集电极开路门电路(OC 门)

(1) 电路结构及符号如图 2.9 所示。

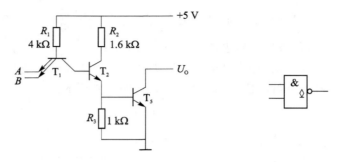

图 2.9 电路结构及符号

(2) OC 门的特点有:OC 门可实现**线与**结构,OC 门工作时须将输出端外接负载电阻接到电源上。

5. 三态输出门电路

(1) 电路结构及符号如图 2.10 所示。

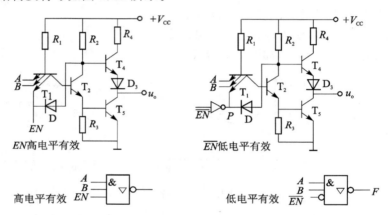

图 2.10 电路结构及符号

(2) 三态门特点有:输出端有三种可能的状态——高电平、低电平、高阻态。

6. CMOS 传输门

(1) 电路结构及符号如图 2.11 所示。

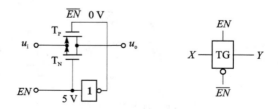

图 2.11 电路结构及符号

(2) 传输门特点有:双向开关作用——使能有效 $EN=1$ 时,$U_o=U_i$,可双向传输模拟量。

2.2 习题解答

【习题 2.1】图 2.12 中示出了某门电路的特性曲线,试据此确定它的下列参数:输出高电平 $U_{OH}=$_____;输出低电平 $U_{OL}=$_____;输入短路电流 $I_{IS}=$_____;高电平输入漏电流 I_{IH} _____;开门电平 $U_{ON}=$_____;关门电平 $U_{OFF}=$_____;低电平噪声容限 $U_{NL}=$_____;高电平噪声容限 $U_{NH}=$_____;最大灌电流 $I_{OLmax}=$_____;扇出系数 $N=$_____。

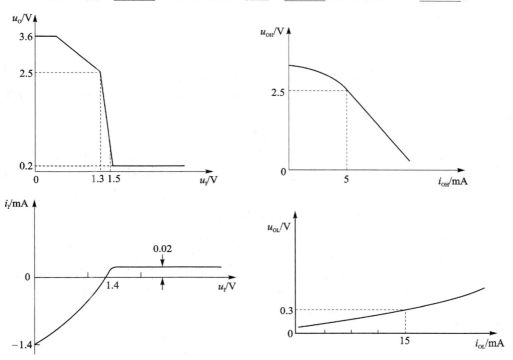

图 2.12 习题 2.1

解: 输出高电平 $U_{OH}=\underline{3.6\ V}$;输出低电平 $U_{OL}=\underline{0.2\ V}$;输入短路电流 $I_{IS}=\underline{-1.4\ mA}$;高电平输入漏电流 $I_{IH}=\underline{0.02\ mA}$;开门电平 $U_{ON}=\underline{1.5\ V}$;关门电平 $U_{OFF}=\underline{1.3\ V}$;低电平噪声容限 $U_{NL}=\underline{1.0\ V}$;高电平噪声容限 $U_{NH}=\underline{1.0\ V}$;最大灌电流 $I_{OLmax}=\underline{15\ mA}$;扇出系数 $N=\underline{10}$。

【习题 2.2】由 TTL 门组成的电路如图 2.13 所示,已知它们的输入低电平电流为 $I_{IL}=-1\ mA$,高电平输入漏电流 $I_{IH}=40\ \mu A$。试问:当 $A=B=1$ 时,G_1 的_____电流(拉,灌)为_____;$A=0$ 时,G_1 的_____电流(拉,灌)为_____。

解: 当 $A=B=1$ 时,G_1 的 __灌__ 电流(拉,灌)为 $\underline{2\ mA}$;$A=0$ 时,G_1 的 __拉__ 电流(拉,灌)为 $-160\ \mu A$。

【习题 2.3】试说明在下列情况下,用万用表测量图 2.14 的 B 端和 C 端得到的电压各是多少?其中,与非门为 TTL 与非门。

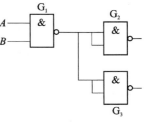

图 2.13 习题 2.2

(1) A 端悬空;
(2) A 端接低电平;
(3) A 端接高电平;
(4) A 端接地;
(5) A 端经 10 kΩ 电阻接地。

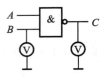

图 2.14　习题 2.3

解:

(1) A 端悬空, $B=1.4$ V, $C=0.3$ V。
(2) A 端接低电平, $B=0.3$ V, $C=3.6$ V。
(3) A 端接高电平, $B=1.4$ V, $C=0.3$ V。
(4) A 端接地, $B=0$ V, $C=3.6$ V。
(5) A 端经 10 kΩ 电阻接地, $B=1.4$ V, $C=0.3$ V。

【**习题 2.4**】若把上题中的**与非门**改成 TTL **或非门**,试问在上述五种情况下 B 端和 C 端测得到的电压各是多少?

解: $B=1.4$ V, $C=0.3$ V(五种情况结果相同)。

【**习题 2.5**】由 TTL 与非门组成电路如图 2.15 所示。要求 G_M 输出的高电平 $V_{OHmin}=3.2$ V,低电平 $V_{OLmax}=0.4$ V。**与非门**的输入电流为 $I_{ILmax}=-1.6$ mA, $I_{IHmax}=40$ μA。$V_{OL}\leqslant 0.4$ V 时输出电流 $I_{OL}\leqslant 16$ mA, $V_{OH}\geqslant 3.2$ V 时输出电流 $|I_{OH}|\leqslant 0.4$ mA。G_M 的输出电阻可忽略不计。试问门 G_M 能驱动多少个同样的与非门?

解: G_M 输出低电平时, $N_L\leqslant 10$; G_M 输出高电平时, $N_H\leqslant 5$, 所以 $N_{max}=5$。

【**习题 2.6**】图 2.16 所示电路中, G_1、G_2、G_3 是 74LS 系列的 OC 门,输出高电平时漏电流 $I_{OHmax}=100$ μA,其输出低电平电流 $I_{OLmax}=8$ mA; G_4、G_5、G_6 是 74LS 系列的**与非门**,其输入电流 $I_{ILmax}=400$ μA, $I_{IHmax}=20$ μA。要求 OC 门输出高、低电平应满足 $U_{OHmin}=3$ V, $U_{OLmax}=0.4$ V,试计算上拉电阻 R_L 的取值范围。

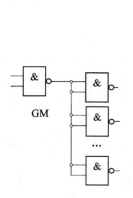

图 2.15　习题 2.5

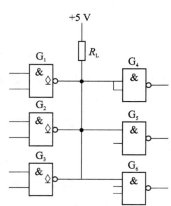

图 2.16　习题 2.6

解: $R_{Lmax}=\dfrac{E_C-U_{OHmin}}{3I_{OHmax}+4I_{IHmax}}\approx 5.26$ kΩ, $R_{Lmin}=\dfrac{E_C-U_{OLmax}}{I_{OLmax}-3I_{ILmax}}=680$ Ω。

【**习题 2.7**】图 2.17 中 G_1 为 TTL 三态门, G_2 为 TTL **与非门**,万用表的内阻 20 kΩ/V,量程为 5 V。在 $\overline{C}=1$ 或 $\overline{C}=0$ 以及 S 通或断等不同情况下, U_{O1} 和 U_{O2} 的电位各是多少?请填

入表中,如果 G_2 的悬空的输入端改接至 0.3 V,上述结果将有何变化?

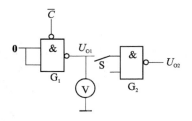

$\overline{C}$	S通	S断
1	$U_{O1}=$	$U_{O1}=$
1	$U_{O2}=$	$U_{O2}=$
0	$U_{O1}=$	$U_{O1}=$
0	$U_{O2}=$	$U_{O2}=$

图 2.17 习题 2.7

解:结果为

$\overline{C}$	S通	S断
1	$U_{O1}=1.4$ V	$U_{O1}=0$ V
1	$U_{O2}=0.3$ V	$U_{O2}=0.3$ V
0	$U_{O1}=3.6$ V	$U_{O1}=3.6$ V
0	$U_{O2}=0.3$ V	$U_{O2}=0.3$ V

若 G_2 的悬空的输入端接至 0.3 V,结果为

$\overline{C}$	S通	S断
1	$U_{O1}=0.3$ V	$U_{O1}=0$ V
1	$U_{O2}=3.6$ V	$U_{O2}=3.6$ V
0	$U_{O1}=3.6$ V	$U_{O1}=3.6$ V
0	$U_{O2}=3.6$ V	$U_{O2}=3.6$ V

【**习题 2.8**】图 2.18 所示电路为 TTL 门电路,非门的低电平输入电流 $I_{IL}=-1.5$ mA,高电平输入电流为 $I_{IH}=0.05$ mA,当门 1 输入 A 为 **1** 或 **0** 时,问流入门 1 输出端的电流各为多少毫安?

解:$A=\mathbf{0}$ 时,$M=\mathbf{1}$,门 1 外接拉电流负载,流入门 1 的电流为 $I=-0.15$ mA;
$A=\mathbf{1}$ 时,$M=\mathbf{0}$,门 1 外接灌电流负载,流入门 1 的电流为 $I=4.5$ mA。

【**习题 2.9**】如图 2.19 所示门电路,试写出输出函数 Y 的逻辑表达式。

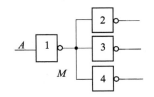

图 2.18 习题 2.8

(1)   (2)   (3)   (4)

图 2.19 习题 2.9

解:(1) $Y=\overline{A}$,(2) $Y=\overline{A}$,(3) Y 为高阻态,(4) $Y=\overline{A}$。

【**习题 2.10**】CMOS 传输门 TG 和 TTL 与非门 G 组成的电路如图 2.20 所示。写出 $C=0$ 和 $C=1$ 时,电路输出 Y 的表达式。

解:$C=0$ 时,$Y=\mathbf{0}$;$C=1$ 时,$Y=\overline{A}$。

【习题 2.11】 已知传输门 TG1、TG2 的输入信号 A、B 和控制信号 C 的波形如图 2.21 所示，试画出输出信号 Y 的波形。

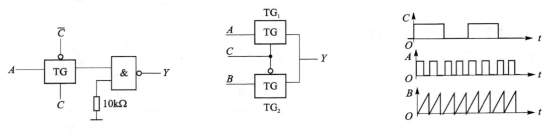

图 2.20　习题 2.10　　　　图 2.21　习题 2.11

解：$C=1$ 时，$Y=A$；$C=0$ 时，$Y=B$，波形图如图 2.22 所示。

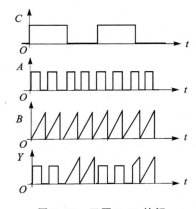

图 2.22　习题 2.11 的解

【习题 2.12】 图 2.23 中门 1、2、3 均为 TTL 门电路，平均延迟时间为 20 ns，请画出 U_o 的波形。

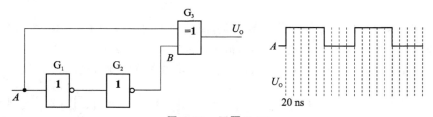

图 2.23　习题 2.12

解：如图 2.24 所示。

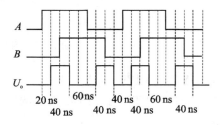

图 2.24　习题 2.12 的解

第3章 组合数字电路

3.1 知识点归纳

1. 本章知识结构(见图3.1)

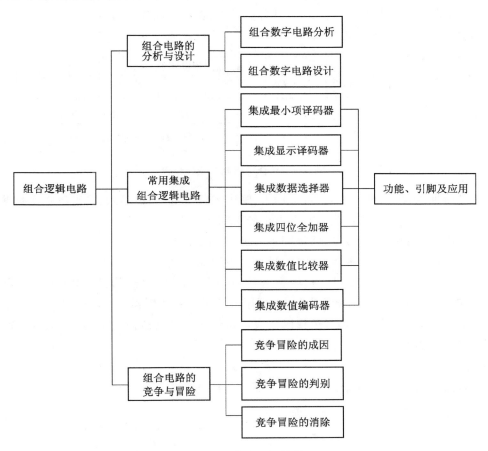

图3.1 本章知识结构

2. 组合数字电路的分析

组合数字电路分析是指通过分析一个给定的组合数字电路,找出组合数字电路的逻辑功能。组合数字电路分析的步骤如图3.2所示。

图3.2 组合数字电路分析步骤

（1）根据给定逻辑图，从电路的输入到输出逐级写出逻辑函数式，最后得到表示输出与输入关系的逻辑函数式。

（2）化简逻辑函数表达式（公式法或卡诺图法化简），写出最简**与或**表达式。

（3）根据最简表达式列出真值表（化简后逻辑关系简单明了，为使电路逻辑功能更加直观，有时需将逻辑函数式转换为真值表的形式）。

（4）由真值表说明给定电路的逻辑功能。

3. 组合数字电路的设计

组合数字电路的设计是指根据给出的实际逻辑问题，求出实现这一逻辑功能的最简逻辑电路，应使电路中所用器件数目最少，器件种类最少，器件之间连线最少。

组合逻辑电路设计步骤如图 3.3 所示。

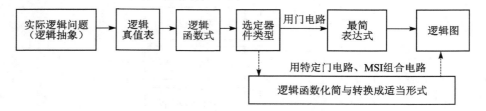

图 3.3　组合逻辑电路设计步骤

（1）逻辑抽象：根据设计要求，定义输入、输出逻辑变量，并给输入、输出逻辑变量赋值（实际问题是：三人表决器，水位控制，电梯控制，空调温度控制）。

（2）列出真值表（根据给定的因果关系列出逻辑真值表）。

（3）由真值表写出逻辑函数表达式（最小项表达式）。

（4）选定器件的类型（实现逻辑函数方法：可用 SSI 门电路组成相应的逻辑电路，可用 MSI 集成芯片——译码器、选择器实现，也可用 LSI 可编程逻辑器件 ROM 实现）。

（5）根据所选器件类型，进行逻辑函数表达式化简（代数法或卡诺图法）与转换，用选定器件实现逻辑功能设计。

（6）画出逻辑电路图。

4. 四位集成全加器 74LS283

（1）逻辑符号及功能如图 3.4 所示。

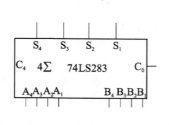

C_{i-1}	A_i	B_i	S_i	C_i
0	0	0	0	0
0	0	1	1	0
0	1	0	1	0
0	1	1	0	1
1	0	0	1	0
1	0	1	0	1
1	1	0	0	1
1	1	1	1	1

C_0 为进位输入
C_4 为进位输出

图 3.4　74LS283 逻辑符号及功能

(2) 主要用于实现二进制加法运算、减法运算,实现 BCD 码加法运算,代码转换,加法器的级联扩展。

5. 最小项译码器——3 线-8 线译码器 74LS138

(1) 逻辑符号和逻辑功能如图 3.5 所示。

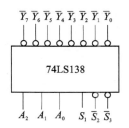

使能			输入			输出							
S_1	$\overline{S_2}$	$\overline{S_3}$	A_2	A_1	A_0	$\overline{Y_0}$	$\overline{Y_1}$	$\overline{Y_2}$	$\overline{Y_3}$	$\overline{Y_4}$	$\overline{Y_5}$	$\overline{Y_6}$	$\overline{Y_7}$
1	1or1		×	×	×	1	1	1	1	1	1	1	1
0	×	×	×	×	×	1	1	1	1	1	1	1	1
1	0	0	0	0	0	0	1	1	1	1	1	1	1
1	0	0	0	0	1	1	0	1	1	1	1	1	1
1	0	0	0	1	0	1	1	0	1	1	1	1	1

图 3.5 逻辑符号和逻辑功能

(2) 主要用于实现组合逻辑电路(更适用于多输出组合数字电路设计),总线系统中作地址译码器、译码器的级联扩展。

6. 集成数据选择器

(1) 双 4 选 1 数据选择器 74LS153 逻辑符号和逻辑功能如图 3.6 所示。

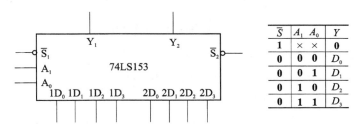

图 3.6 74LS153 逻辑符号和逻辑功能

(2) 8 选 1 数据选择器 74LS151 逻辑符号和逻辑功能如图 3.7 所示。

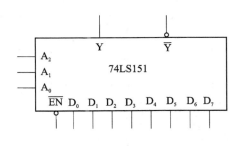

$\overline{EN}$	A_2	A_1	A_0	Y
0	0	0	0	D_0
0	0	0	1	D_1
0	0	1	0	D_2
0	0	1	1	D_3
0	1	0	0	D_4
0	1	0	1	D_5
0	1	1	0	D_6
0	1	1	1	D_7
1	×	×	×	0

图 3.7 逻辑符号和逻辑功能

(3) 主要用于实现组合逻辑电路(更适用于变量数≥选择端数目时组合电路设计),做电子开关,从若干个输入信号中选出一个送到输出端,级联扩展。

7. 集成 4 位数值比较器 74LS85

(1) 逻辑符号和逻辑功能如图 3.8 所示。

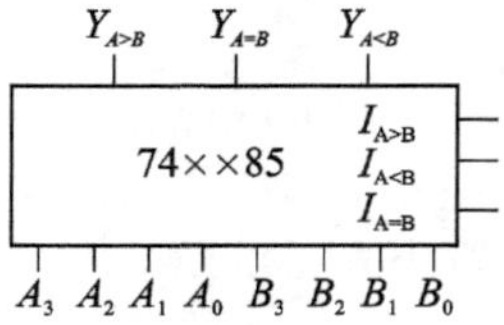

比较输入				串联输入			输出		
$A_3\ B_3$	$A_2\ B_2$	$A_1\ B_1$	$A_0\ B_0$	$I_{(A>B)i}$	$I_{(A<B)i}$	$I_{(A=B)i}$	$Y_{A>B}$	$Y_{A<B}$	$Y_{A=B}$
$A_3>B_3$	×	×	×	×	×	×	H	L	L
$A_3<B_3$	×	×	×	×	×	×	L	H	L
$A_3=B_3$	$A_2>B_2$	×	×	×	×	×	H	L	L
$A_3=B_3$	$A_2<B_2$	×	×	×	×	×	L	H	L
$A_3=B_3$	$A_2=B_2$	$A_1>B_1$	×	×	×	×	H	L	L
$A_3=B_3$	$A_2=B_2$	$A_1<B_1$	×	×	×	×	L	H	L
$A_3=B_3$	$A_2=B_2$	$A_1=B_1$	$A_0>B_0$	×	×	×	H	L	L
$A_3=B_3$	$A_2=B_2$	$A_1=B_1$	$A_0<B_0$	×	×	×	L	H	L
$A_3=B_3$	$A_2=B_2$	$A_1=B_1$	$A_0=B_0$	H	L	L	H	L	L
$A_3=B_3$	$A_2=B_2$	$A_1=B_1$	$A_0=B_0$	L	H	L	L	H	L
$A_3=B_3$	$A_2=B_2$	$A_1=B_1$	$A_0=B_0$	L	L	H	L	L	H
$A_3=B_3$	$A_2=B_2$	$A_1=B_1$	$A_0=B_0$	L	L	L	L	L	L
$A_3=B_3$	$A_2=B_2$	$A_1=B_1$	$A_0=B_0$	H	H	L	L	L	L
$A_3=B_3$	$A_2=B_2$	$A_1=B_1$	$A_0=B_0$	H	L	H	H	L	L
$A_3=B_3$	$A_2=B_2$	$A_1=B_1$	$A_0=B_0$	L	H	H	L	H	L
$A_3=B_3$	$A_2=B_2$	$A_1=B_1$	$A_0=B_0$	H	H	H	H	H	H

图 3.8 逻辑符号和逻辑功能

(2) 主要用于数值数据大小比较、级联扩展。

8. 显示译码器——BCD -七段码显示译码器 74LS48

(1) 逻辑符号和逻辑功能如图 3.9 所示。

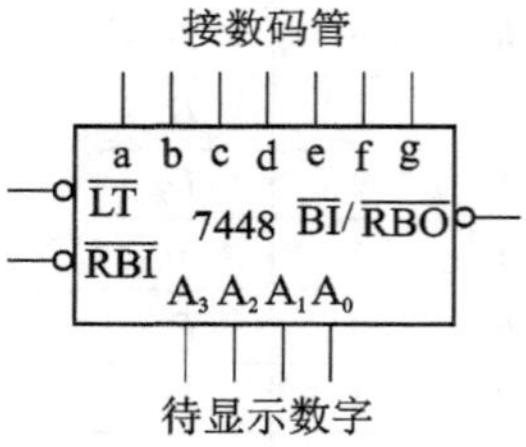

十进制数或功能	输入						$\overline{BI}/\overline{RBO}$	输出							段显示
	$\overline{LT}$	$\overline{RBI}$	A_3	A_2	A_1	A_0		Y_a	Y_b	Y_c	Y_d	Y_e	Y_f	Y_g	
0	H	H	0	0	0	0	H	1	1	1	1	1	1	0	0
1	H	×	0	0	0	1	H	0	1	1	0	0	0	0	1
2	H	×	0	0	1	0	H	1	1	0	1	1	0	1	2
3	H	×	0	0	1	1	H	1	1	1	1	0	0	1	3
4	H	×	0	1	0	0	H	0	1	1	0	0	1	1	4
5	H	×	0	1	0	1	H	1	0	1	1	0	1	1	5
6	H	×	0	1	1	0	H	0	0	1	1	1	1	1	6
7	H	×	0	1	1	1	H	1	1	1	0	0	0	0	7
8	H	×	1	0	0	0	H	1	1	1	1	1	1	1	8
9	H	×	1	0	0	1	H	1	1	1	0	0	1	1	9
15	H	×	1	1	1	1	H	0	0	0	0	0	0	0	灭
$\overline{BI}$	×	×	×	×	×	×	L	0	0	0	0	0	0	0	灭
$\overline{RBI}$	H	L	0	0	0	0	L	0	0	0	0	0	0	0	灭
$\overline{LT}$	L	×	×	×	×	×	H	1	1	1	1	1	1	1	8

图 3.9 逻辑符号和逻辑功能

(2) 主要用于将二进制输出转换成字形显示控制信号,可级联实现,实现一位或多位七段码显示控制。

9. 集成优先编码器 74LS148

(1) 逻辑符号和逻辑功能如图 3.10 所示。

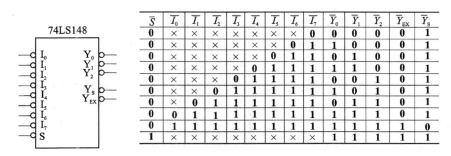

图 3.10 74LS148 逻辑符号和逻辑功能

(2) 主要用于对输入信号进行编码、优先权管理与编码、级联扩展。

3.2 习题解答

【**习题 3.1**】分析图 3.11 所示电路的逻辑功能,写出输出的逻辑表达式,列出真值表,说明其逻辑功能。

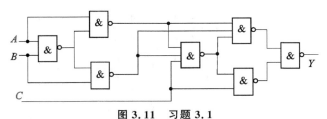

图 3.11 习题 3.1

解: $Y=\overline{A}\,\overline{B}\,\overline{C}+\overline{A}BC+A\overline{B}C+AB\overline{C}=\sum m(0,3,5,6)=\overline{A\oplus B\oplus C}$。

逻辑功能:奇偶校验。判断 A、B、C 中是否有偶数个 **1**。若是偶数个 **1**,则 $Y=1$;若为奇数个 **1**,则 $Y=0$。

【**习题 3.2**】逻辑电路如图 3.12 所示。

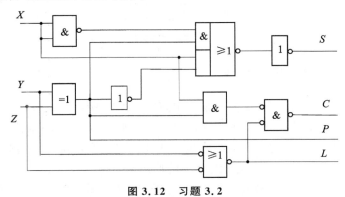

图 3.12 习题 3.2

(1)写出 S、C、P、L 的函数表达式；

(2)当取 S 和 C 作为电路的输出时，此电路的逻辑功能是什么？

解：(1)$S=X\oplus Y\oplus Z$。

$C=X(Y\oplus Z)+YZ=XY+XZ+YZ$。

$P=Y\oplus Z$。

$L=YZ$。

(2)当取 S 和 C 作为电路的输出时，此电路为全加器。

【**习题 3.3**】设 A、B、C 为某保密锁的三个按钮，当无按钮按下或 A 单独按下时，锁既不打开也不报警；只有当 A、B、C 或 A、B 或 A、C 分别同时按下时，锁才能被打开；其他状态时，将发出报警信息。试写出真值表和表达式，并用基本门电路实现保密锁的逻辑电路。

解：设 A、B、C 三个按钮按下时输出 **1**，F、G 分别表示开锁和报警信号，开锁和报警时为 **1**。真值表见表 3-1，卡诺图如图 3.13 所示。

表达式为 $F=AB+AC$，$G=\overline{A}B+\overline{A}C$。

逻辑电路如图 3.14 所示。

表 3-1 习题 3.3 的真值表

A B C	F G
0 0 0	0 0
0 0 1	0 1
0 1 0	0 1
0 1 1	0 1
1 0 0	0 0
1 0 1	1 0
1 1 0	1 0
1 1 1	1 0

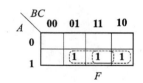

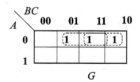

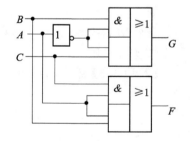

图 3.13 习题 3.3 卡诺 　　　　　图 3.14 习题 3.3 逻辑电路

【**习题 3.4**】某水仓装有大小 2 台水泵排水，如图 3.15 所示。试设计一个水泵启动、停止逻辑控制电路。具体要求是当水位在 H 以上时，大小水泵同时开动；水位在 H、M 之间时，只开大泵；水位在 M、L 之间时，只开小泵；水位在 L 以下时，停止排水。请列出真值表，写出**与或非**型表达式，用**与或非**门实现。注意约束项的使用。

解：设 $H(M,L)=1$ 表示水位高于此位置；$F_2(F_1)=1$ 表示大(小)泵开。真值表见表 3-2，卡诺图如图 3.16 所示，电路图如图 3.17 所示。

表 3-2 习题 3.4 真值表

H	M	L	F_2	F_1
0	0	0	0	0
0	0	1	0	1
0	1	0	×	×
0	1	1	1	0
1	0	0	×	×
1	0	1	×	×
1	1	0	×	×
1	1	1	1	1

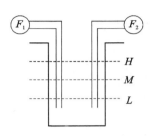

图 3.15 习题 3.4

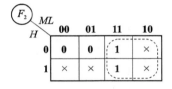
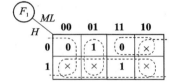

图 3.16 习题 3.4 卡诺图

与或非型表达式为

$$F_2 = M$$

$$F_1 = \overline{\overline{ML} + H} = \overline{M\overline{H} + \overline{L}\,\overline{H}} \text{（或按虚线框得} \overline{HM + \overline{L}}\text{）}$$

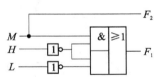

图 3.17 习题 3.4 逻辑电路

【**习题 3.5**】设计一组合数字电路，输入为四位二进制码 $B_3B_2B_1B_0$，当 $B_3B_2B_1B_0$ 是 BCD8421 码时输出 $Y=1$；否则 $Y=0$。列出真值表，写出**与或非**型表达式，用集电极开路门实现。

解：$Y = \overline{B_3B_2 + B_3B_1}$ 卡诺图和电路图如图 3.18 所示。

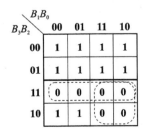
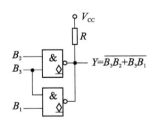

图 3.18 习题 3.5 的解

【习题 3.6】 设计一个将 4 位二进制数转换成格雷码的转换电路。列出表达式,并用**异或**门实现。

解: 真值表见表 3-3,卡诺图如图 3.19 所示。

表 3-3 习题 3.6 真值表

8421 码 $B_3\ B_2\ B_1\ B_0$	格雷码 $G_3\ G_2\ G_1\ G_0$
0 0 0 0	0 0 0 0
0 0 0 1	0 0 0 1
0 0 1 0	0 0 1 1
0 0 1 1	0 0 1 0
0 1 0 0	0 1 1 0
0 1 0 1	0 1 1 1
0 1 1 0	0 1 0 1
0 1 1 1	0 1 0 0
1 0 0 0	1 1 0 0
1 0 0 1	1 1 0 1
1 0 1 0	1 1 1 1
1 0 1 1	1 1 1 0
1 1 0 0	1 0 1 0
1 1 0 1	1 0 1 1
1 1 1 0	1 0 0 1
1 1 1 1	1 0 0 0

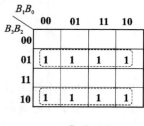
$G_2 = B_3 \oplus B_2$

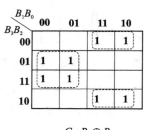
$G_1 = B_2 \oplus B_1$

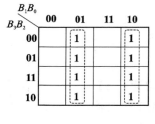
$G_0 = B_1 \oplus B_0$

图 3.19 习题 3.6 卡诺图

从卡诺图可化简出

$$G_3 = B_3$$
$$G_2 = B_3 \oplus B_2$$
$$G_1 = B_2 \oplus B_1$$
$$G_0 = B_1 \oplus B_0$$

逻辑电路如图 3.20 所示。

【习题 3.7】图 3.21 所示为由三个全加器构成的电路，试写出其输出 F_1、F_2、F_3、F_4 的表达式。

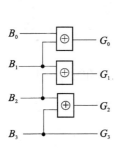

图 3.20　习题 3.6 逻辑电路

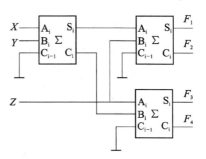

图 3.21　习题 3.7

解： 由题意可得

$$F_1 = X \oplus Y \oplus Z \qquad F_2 = (X \oplus Y) \cdot Z$$
$$F_3 = (XY) \oplus Z \qquad F_4 = XYZ$$

【习题 3.8】图 3.22 所示为由集成四位全加器 74LS283 和**或非**门构成的电路，已知输入 $DCBA$ 为 BCD8421 码，写出 B_2、B_1 的表达式，并列表说明输出 $D'C'B'A'$ 为何种编码？

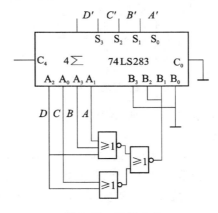

图 3.22　习题 3.8

解： 由题意可得

$$B_2 = B_1 = \overline{\overline{D+B+A} + \overline{D+C}} = D + CB + CA$$
$$D'C'B'A' = DCBA + 0110 \quad (DCBA > 4)$$
$$D'C'B'A' = DCBA \quad (DCBA < 5)$$

若输入 $DCBA$ 为 BCD8421 码，列表可知 $D'C'B'A'$ 为 BCD2421 码。

【习题 3.9】试用 4 位全加器 74LS283 和二输入**与非**门实现 BCD8421 码到 BCD5421 码的转换。

解： 把 BCD8421 码转换为 BCD5421 码，前五个数码不需要改变，后五个数码加 3。据此可得加数低两位的卡诺图如图 3.23 所示，所以 $B_1 = B_0 = D + CB + CA = \overline{\overline{D} \cdot \overline{CB} \cdot \overline{CA}}$。

【习题 3.10】用一片 74LS283 将余 3 码转换成 8421BCD 码。

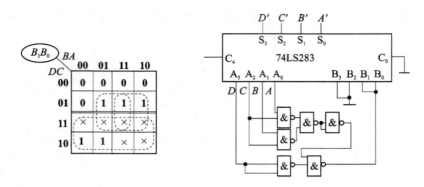

图 3.23 习题 3.9 的解

解：余 3 码为 BCD8421 码加上 3，所以 BCD8421 码为余 3 码减去 3，可用加上 3 的补码 1101 实现。逻辑电路如图 3.24 所示。

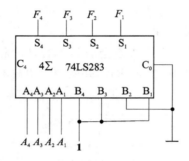

图 3.24 习题 3.10 的解

【**习题 3.11**】试用 74LS283 设计一个加/减法器(加/减运算电路)，控制信号 $M=0$ 时进行加法运算，$M=1$ 时进行减法运算。

解：加法运算可直接用 74LS283 实现；减法运算 $A-B=A+(-B)$，按补码计算时可用加法器实现，而 $[-B]_{补}$ 为 B 按位取反加 1。所以当 $M=0$ 时，第二个加数为 B；$M=1$ 时，第二个加数为 B 按位取反，可通过**异或**逻辑运算实现；是否加 1 可通过进位输入 $C_0=M$ 实现。

加/减法器的实现电路如图 3.25 所示。

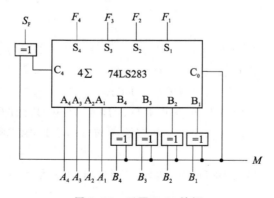

图 3.25 习题 3.11 的解

【习题 3.12】图 3.26 所示是由 3 线-8 线译码器 74LS138 和与非门构成的电路,试写出 P_1 和 P_2 的表达式,列出真值表,说明其逻辑功能。

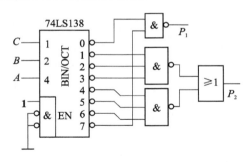

图 3.26　习题 3.12

解：$P_1 = \sum m(0,7) = \overline{ABC} + ABC$。

　　$P_2 = \sum m(1,2,3,4,5,6) = \overline{AB} + \overline{BC} + A\overline{C}$。

真值表,略。

逻辑功能：该电路为一致性判别电路,当 A、B、C 相同时,$P_1 = 1$；不同时 $P_2 = 1$。

【习题 3.13】试用最小项译码器 74LS138 和一片 74LS00 实现逻辑函数：
$$P_1(A,B) = \sum m(1,2,3)$$
$$P_2(A,B) = \sum m(0,3)$$

解：见图 3.27。

【习题 3.14】有一数字电压表,其测量的数据范围为 0~300.00V(小数点后有两位有效数字),用七段码显示测量结果。要求测量结果中整数部分个位的 0 需显示,个位前面不是有效数字的 0 不显示,小数部分的 0 需显示。试用 74LS48 实现七段码显示的驱动电路。

解：见图 3.28。

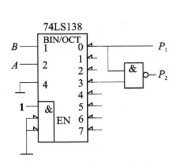

图 3.27　习题 3.13 的解

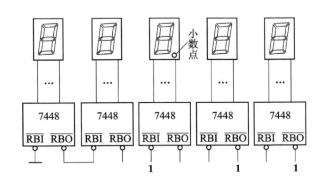

图 3.28　习题 3.14 的解

【习题 3.15】图 3.29 所示是由 8 选 1 数据选择器构成的电路,试写出当 G_1G_0 为各种不同的取值时输出 Y 的表达式。

解：Y 的表达式见表 3-4。

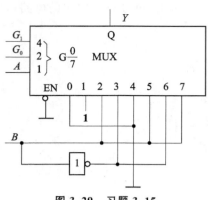

图 3.29 习题 3.15

表 3-4 习题 3.15 中 Y 的表达式

G_1	G_0	Y
0	0	A
0	1	$A \oplus B$
1	0	AB
1	1	$\overline{A \oplus B} = A \odot B$

【习题 3.16】用 8 选 1 数据选择器实现下列函数：

(1) $F = \overline{X\overline{Y}Z + W + \overline{X}\,\overline{Y}}$；

(2) $F(D,C,B,A) = \sum m^4(0,1,2,3,8,9,10,11)$
$= \overline{A}\,\overline{B}\,\overline{C}\,\overline{D} + A\overline{B}\,\overline{C}\,\overline{D} + \overline{A}B\overline{C}\,\overline{D} + AB\overline{C}\,\overline{D} + \overline{A}\,\overline{B}\,\overline{C}D + A\overline{B}\,\overline{C}D + \overline{A}B\overline{C}D + AB\overline{C}D$。

解：(1) **方法一**：从函数式可以看出：$W = 1$ 时，$F = 0$；$W = 0$ 时，$F = \overline{X\overline{Y}Z + \overline{X}\,\overline{Y}} = \overline{X}Y + XY\overline{Z}$，即当 $XYZ = 010$、011、111 时，$F = 1$，如图 3.30(a)所示。

方法二：对 F 进行化简可得
$F = (\overline{X} + YZ)\overline{W}(X + Y) = \overline{X}Y\overline{W} + XY\overline{Z}\overline{W} + YZ\overline{W} = \overline{X}Y\overline{W} + YZ\overline{W}$
$= \overline{X}\,\overline{Y}\,\overline{Z}\cdot 0 + \overline{X}\,\overline{Y}Z\cdot 0 + \overline{X}Y\overline{Z}\,\overline{W} + \overline{X}YZ\overline{W} + X\,\overline{Y}\,\overline{Z}\cdot 0 + X\overline{Y}Z\cdot 0 + XY\overline{Z}\cdot 0 + XYZ\overline{W}$

如图 3.30(b)所示。

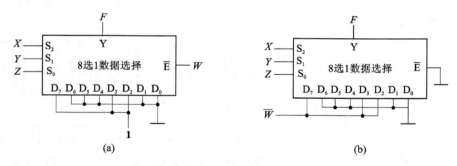

图 3.30 习题 3.16(1)的解

(2) $F = \sum m^4(0,1,2,3,8,9,10,11)$
$= \overline{A}\,\overline{B}\,\overline{C}\,\overline{D} + A\overline{B}\,\overline{C}\,\overline{D} + \overline{A}B\overline{C}\,\overline{D} + AB\overline{C}\,\overline{D} + \overline{A}\,\overline{B}\,\overline{C}D + A\overline{B}\,\overline{C}D + \overline{A}B\overline{C}D + AB\overline{C}D$。

方法一：
$F = \overline{B}\,\overline{C}\,\overline{D}\cdot 1 + B\overline{C}\,\overline{D}\cdot 1 + \overline{B}C\overline{D}\cdot 0 + BC\overline{D}\cdot 0 + \overline{B}\,\overline{C}D\cdot 1 + B\overline{C}D\cdot 1 + \overline{B}CD\cdot 0 + BCD\cdot 0$
$= (m_0\cdot 1 + m_1\cdot 1 + m_2\cdot 0 + m_3\cdot 0 + m_4\cdot 1 + m_5\cdot 1 + m_6\cdot 0 + m_7\cdot 0)$

从函数式中可以看出：F 的取值与 A 无关，如图 3.31(a)所示。

方法二：
$F = (\overline{A}\,\overline{B}\,\overline{D} + A\overline{B}\,\overline{D} + \overline{A}B\overline{D} + AB\overline{D} + \overline{A}\,\overline{B}D + A\overline{B}D + \overline{A}BD + ABD)\overline{C}$

$$=(m_0+m_1+m_2+m_3+m_4+m_5+m_6+m_7)\cdot\overline{C}$$

从函数式中可以看出：$C=0$ 时，不管 A、B、D 取何值，F 总为 **1**；$C=1$ 时，不管 A、B、D 取何值，F 总为 **0**，如图 3.31(b)所示。

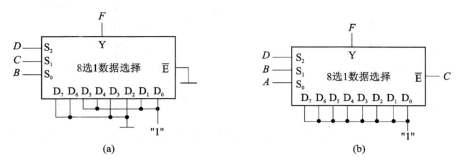

图 3.31　习题 3.16(2)的解

【**习题 3.17**】设计用 3 个开关控制 1 个电灯的电路，要求改变任何一个开关的状态都能使电灯由亮变灭或由灭变亮。
(1) 写出真值表与表达式；
(2) 用基本门电路实现其逻辑电路；
(3) 用最小项译码器 74LS138 实现；
(4) 用 8 选 1 数据选择器 74LS151 实现。

解：用逻辑变量 A、B、C 表示三个开关，**0**、**1** 分别表示断、通状态；用 F 表示电灯，**0**、**1** 表示灯灭、亮状态。为直观起见，输入变量取值按 3 位循环码的顺序排列。卡诺图如图 3.32 所示。

(1) 真值表见表 3-5。

表 3-5　习题 3.17 真题表

A	B	C	F
0	0	0	0
0	0	1	1
0	1	1	0
0	1	0	1
1	1	0	0
1	1	1	1
1	0	1	0
1	0	0	1

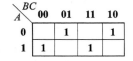

图 3.32　习题 3.17 卡诺图

表达式为 $F=\overline{A}\ \overline{B}C+\overline{A}B\overline{C}+A\overline{B}\ \overline{C}+ABC=A_i\oplus B_i\oplus C_{i-1}$。

(2) 基本门电路实现逻辑电路如图 3.33 所示。
(3) 74LS138 实现如图 3.34 所示。
(4) 用 74LS151 实现如图 3.35 所示。

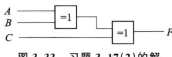

图 3.33　习题 3.17(2)的解

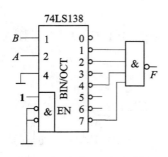
图 3.34 习题 3.17(3)的解

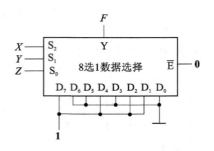
图 3.35 习题 3.17(4)的解

【习题 3.18】 仿照全加器设计一个全减器,被减数为 A,减数为 B,低位来的借位为 J_0,差为 D,向上一位的借位为 J。要求:

(1) 列出真值表,写出 D、J 的表达式;
(2) 仿全加器,用二输入**与非门**实现;
(3) 用最小项译码器 74LS138 实现;
(4) 用双四选一数据选择器实现。

解:(1)真值表见表 3-6。$D=\sum m(1,2,4,7)=A\oplus B\oplus J_0$,$J=\sum m(1,2,3,7)=\overline{A\oplus B}\cdot J_0+\overline{A}B$。

表 3-6 习题 3.18 真值表

A B J_0	D J
0 0 0	0 0
0 0 1	1 1
0 1 0	1 1
0 1 1	0 1
1 0 0	1 0
1 0 1	0 0
1 1 0	0 0
1 1 1	1 1

(2) 用二输入**与非门**实现如图 3.36 所示。

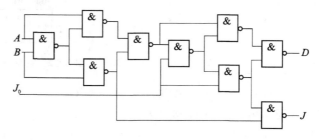

图 3.36 习题 3.18(2)的解

(3) 用 74LS138 实现如图 3.37 所示。

(4) 用双四选一数据选择器实现如图 3.38 所示。

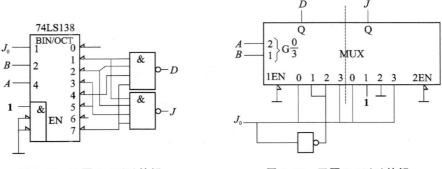

图 3.37 习题 3.18(3)的解　　　图 3.38 习题 3.18(4)的解

【习题 3.19】试用 8 线-3 线编码器 74LS148 实现 16 位输入的优先编码。

解：如图 3.39 所示。

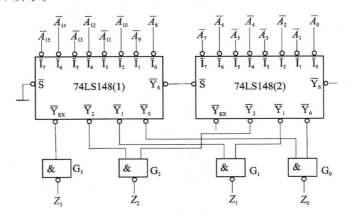

图 3.39 习题 3.19 的解

【习题 3.20】用 8 线-3 线编码器 74LS148 和适当的门电路构成的逻辑电路如图 3.40 所示，试分析其功能。

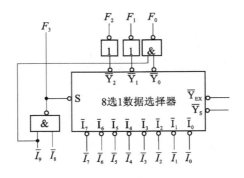

图 3.40 习题 3.20

解：8421BCD 码优先编码器。

【习题 3.21】分析图 3.41(a)所示电路，写出 L、Q、G 的表达式，列出真值表，说明它完成什么逻辑功能;用图 3.41(a)所示电路与集成四位数码比较器(如图 3.41(b)所示)构成一个五位数码比较器。

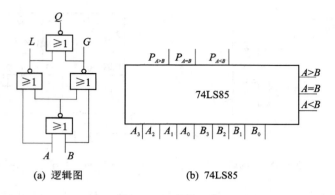

(a) 逻辑图　　　　(b) 74LS85

图 3.41　习题 3.21

解:(1) $L=\overline{AB}$,$G=A\overline{B}$,$Q=\overline{A}\,\overline{B}+AB$,该电路为一位数码比较器。

(2) 将一位数据比较器的输出 L、Q、G 接到 74LS85 的串行输入端,即可构成一个五位码比较器。

【**习题 3.22**】分析图 3.42 所示电路,当 A、B、C、D 只有一个改变状态时,是否存在竞争冒险现象?如果存在,都发生在其他变量为何种取值的情况下?

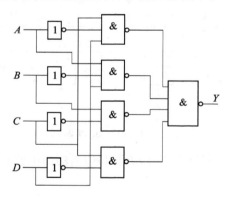

图 3.42　习题 3.22

解: $Y=\overline{A}CD+A\overline{B}D+B\overline{C}+C\overline{D}$。

当 A、B、C、D 只有一个改变状态时,存在竞争冒险现象,如

当 $B=0$ 且 $C=D=1$ 时: $Y=A+\overline{A}$;

当 $A=D=1$ 且 $C=0$ 时: $Y=B+\overline{B}$;

当 $B=1$,$D=0$ 或 $A=0$,$B=D=1$ 时: $Y=C+\overline{C}$;

当 $A=0$,$C=1$ 或 $A=C=1$,$B=0$ 时: $Y=D+\overline{D}$。

第4章 触发器和定时器

4.1 知识点归纳

1. 本章知识结构(见图4.1)

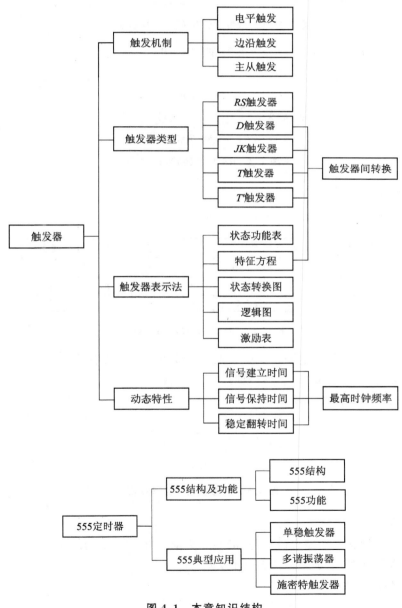

图4.1 本章知识结构

2. RS 触发器

(1) 逻辑符号与状态功能表(以 $CP=1$ 有效为例)如图 4.2 所示。

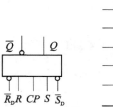

CP	S	R	Q^n	Q^{n+1}	说明
0	×	×	×	Q^n	保持
1	0	0	×	Q^n	保持
1	0	1	×	0	置0
1	1	0	×	1	置1
1	1	1	×	1*	不允许

图 4.2 RS 触发器逻辑符号与状态功能表

(2) 特征方程: $Q^{n+1}=S+\overline{R}Q^n$; 约束条件: $RS=0$。

(3) 状态转换图如图 4.3 所示。

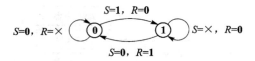

图 4.3 RS 触发器状态转换图

3. D 触发器

(1) 逻辑符号和状态功能表如图 4.4 所示。

CP	D	Q^n	Q^{n+1}	说明
触发无效	×	×	Q^n	保持
触发有效	0	×	0	置0
触发有效	1	×	1	置1

图 4.4 逻辑符号和状态功能表

触发条件: CP 可以是高电平、低电平、上升沿或下降沿触发有效。

(2) 特征方程: $Q^{n+1}=D(CP=有效时)$。

(3) 状态转换图如图 4.5 所示。

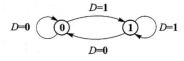

图 4.5 D 触发器状态转换图

4. JK 触发器

(1) 逻辑符号和状态功能表(以下降沿触发为例)如图 4.6 所示。

(2) 特征方程: $Q^{n+1}=J\overline{Q^n}+\overline{K}Q^n(CP\downarrow)$。

(3) 状态转换图如图 4.7 所示。

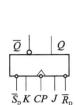
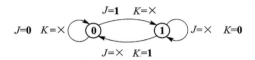

图 4.6　逻辑符号和状态功能表

CP	J	K	Q^n	Q^{n+1}	说明
0	×	×	×	Q^n	保持
1	×	×	×	Q^n	保持
↓	0	0	×	Q^n	保持
↓	0	1	×	0	置0
↓	1	0	×	1	置1
↓	1	1	×	$\overline{Q^n}$	翻转

图 4.7　状态转换图

5. T 触发器

(1) 逻辑符号和状态功能表如图 4.8 所示。

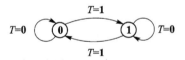

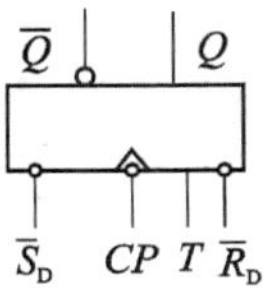

T	Q^n	Q^{n+1}	说明
0	×	Q^n	保持
1	×	$\overline{Q^n}$	翻转

图 4.8　逻辑符号和状态功能表

(2) 特征方程：$Q^{n+1}=T\overline{Q^n}+\overline{T}Q^n=T\oplus Q^n$。

(3) 状态转换图如图 4.9 所示。

图 4.9　状态转换图

6. T′ 触发器

(1) 逻辑符号和状态功能表如图 4.10 所示。

(2) 特征方程：$Q^{n+1}=\overline{Q^n}$（↑ 或 ↓）。

(3) 状态转换图如图 4.11 所示。

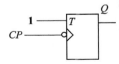

CP	Q^n	Q^{n+1}	说明
0	×	Q^n	保持
↑ 或 ↓	×	$\overline{Q^n}$	翻转

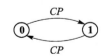

图 4.10　逻辑符号和状态功能表　　　　图 4.11　状态转换图

7. T 触发器和 T' 触发器的实现

实现方法：根据特征方程之间的关系转换。

(1) 用 D 触发器实现如图 4.12 所示。

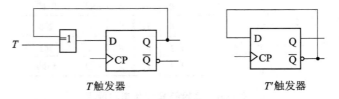

图 4.12　用 D 触发器实现 T 触发器和 T' 触发器

(2) 用 JK 触发器实现如图 4.13 所示。

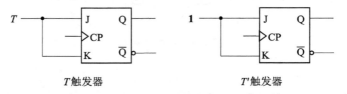

图 4.13　用 JK 触发器实现 T 触发器和 T' 触发器

8. 触发器动态特性（见图 4.14）。

T_{su}：数据建立时间。

T_h：数据保持时间。

$T_{CP\to Q\bar{Q}}$：稳定翻转时间。

周期：$T_L \geqslant T_{su}, T_h \geqslant \max(T_h, T_{CP\to Q\bar{Q}})$。

最大频率：$f_{max} = \dfrac{1}{T_{su}+\max(T_h, T_{CP\to Q\bar{Q}})}$。

9. 555 定时器

(1) 逻辑符号及功能表如图 4.15 所示。

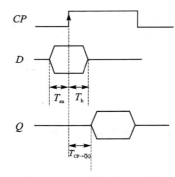

图 4.14　触发器动态特性

$\bar{R}_d$	TH	$\overline{TR}$	u_o
0	×	×	0
1	$>\dfrac{2}{3}V_{cc}$	$>\dfrac{1}{3}V_{cc}$	0
1	$<\dfrac{2}{3}V_{cc}$	$>\dfrac{1}{3}V_{cc}$	保持(0/1)
1	$<\dfrac{2}{3}V_{cc}$	$<\dfrac{1}{3}V_{cc}$	1
1	$>\dfrac{2}{3}V_{cc}$	$<\dfrac{1}{3}V_{cc}$	1

图 4.15　555 定时器逻辑符号及功能表

(2) 应用 1：构造单稳态触发器，电路结构及输出波形如图 4.16 所示。

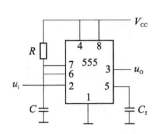
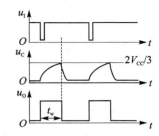

图 4.16 单稳态触发器电路结构及输出波形

脉宽:$T_w = \tau_1 \cdot \ln 3 \approx 1.1RC$。

(3) 应用 2:构造多谐振荡器,电路结构及输出波形如图 4.17 所示。

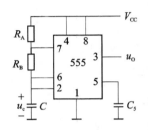
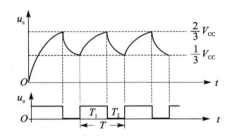

图 4.17 多谐振荡器电路结构及输出波形

充电时间:$T_1 = \tau_1 \cdot \ln 2 \approx 0.7(R_A + R_B)C$。
放电时间:$T_2 = \tau_2 \cdot \ln 2 \approx 0.7 R_B C$。
多谐振荡信号周期:$T = T_1 + T_2 = 0.7(R_A + 2R_B)C$。
频率:$f = 1/T$。
用途:产生时钟信号。

(4) 应用 3:构造施密特触发器,电路结构与输出波形如图 4.18 所示;输入-输出传输特性如图 4.19 所示。

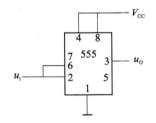
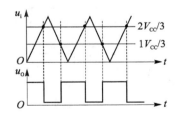
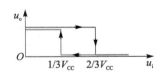

图 4.18 电路结构输出波形　　　　图 4.19 输入输出传输特性

用途:①主要用于对输入波形整形。②数字信号输入,输出为反相器。

4.2 习题解答

【习题 4.1】图 4.20(a)所示是由与非门构成的基本 RS 触发器,试画出在图 4.20(b)所示输入信号的作用下的输出波形。

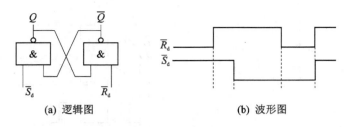

(a) 逻辑图　　　　　　　　(b) 波形图

图 4.20　习题 4.1

解：见图 4.21。

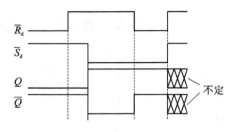

图 4.21　习题 4.1 的解

【**习题 4.2**】由 CMOS 门构成的电路如图 4.22(a)所示，请问：

(1) 分别写出 $C=0,C=1$ 时，输出端 Q 的表达式。

(2) 当 $C=0,C=1$ 时，该电路分别属于组合电路还是时序电路？

(3) 画出在图 4.22(b)所示输入波形作用下，输出 Q 的波形。

解：(1) 当 $C=0$ 时，$Q=\overline{A+B}$；　当 $C=1$ 时，$Q^{n+1}=\overline{B+\overline{Q^n}}=\overline{B}Q^n$。

(2) 当 $C=0$ 时该电路属于组合电路；当 $C=1$ 时，该电路是时序电路。

(3) 输出 Q 的波形如图 4.23 所示。

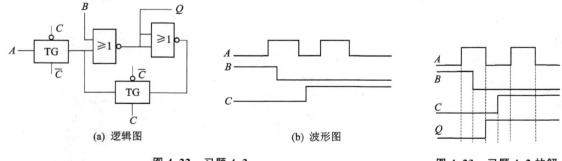

(a) 逻辑图　　　　　　　　(b) 波形图

图 4.22　习题 4.2　　　　　　　　图 4.23　习题 4.2 的解

【**习题 4.3**】分析图 4.24(a)所示电路，列出特征表，写出特征方程，说明其逻辑功能，并画出在图 4.24(b)所示 CP 和 D 信号作用下的电路输出 Q 的波形。Q 的初始状态为 **0**。

解：(1)当 $CP=0$ 时，保持；当 $CP=1$ 时，特性表见表 4-1。

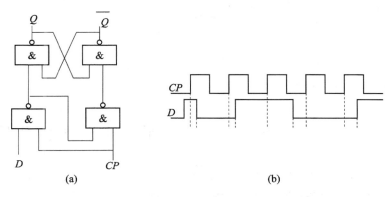

图 4.24 习题 4.3

表 4-1 习题 4.3 特性表

D	Q^n	Q^{n+1}
0	0	0
0	1	0
1	0	1
1	1	1

（2）特性方程为 $Q^{n+1}=D$。

（3）该电路为锁存器(时钟型 D 触发器)。当 $CP=0$ 时,不接收 D 的数据;当 $CP=1$ 时,把数据锁存。但该电路有空翻。

（4）波形如图 4.25 所示。

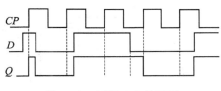

图 4.25 习题 4.3 波形图

【习题 4.4】按图 4.26 所示的输入波形,分别画出正电位和正边沿两种触发方式 D 触发器的输出波形。

解: 如图 4.27 所示。

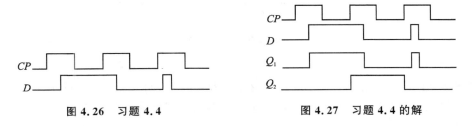

图 4.26 习题 4.4 　　图 4.27 习题 4.4 的解

【习题 4.5】时序逻辑电路如图 4.28(a)所示,触发器为维持阻塞型 D 触发器,初态均为 **0**。

(1) 画出在图(b)所示 CP 作用下的输出 Q_1、Q_2 和 Z 的波形；

(2) 分析 Z 与 CP 的关系。

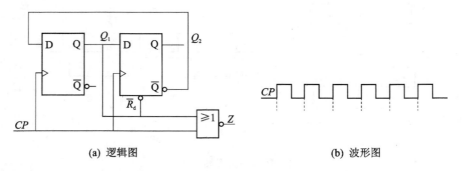

(a) 逻辑图　　　　　　　　(b) 波形图

图 4.28　习题 4.5

解：(1) CP 作用下的输出 Q_1、Q_2 和 Z 的波形如图 4.29 所示。

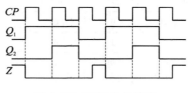

图 4.29　习题 4.5 的解

(2) Z 对 CP 三分频。

【**习题 4.6**】在图 4.30 所示电路中，F_1 为 D 锁存器，F_2 和 F_3 为边沿 D 触发器，试根据 CP 和 X 的信号波形，画出 Y_1、Y_2 和 Y_3 的波形（F_1、F_2 和 F_3 的初始状态均为 **0**）。

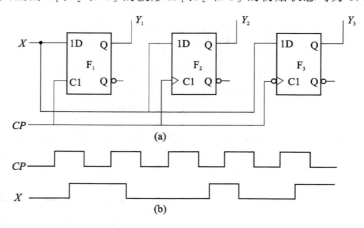

图 4.30　习题 4.6

解：如图 4.31 所示。

【**习题 4.7**】根据图 4.32 所示电路，若忽略门及触发器的传输延迟时间，画出在 CP 和 X 信号作用下所对应的 Q_1 及 Q_2 的波形（设 Q_1、Q_2 的初始状态为 **0**）。

解：如图 4.33 所示。

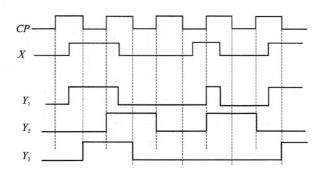

图 4.31 习题 4.6 的解

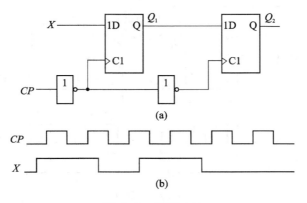

图 4.32 习题 4.7

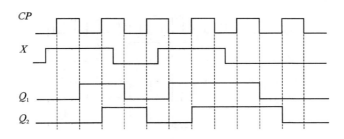

图 4.33 习题 4.7 的解

【习题 4.8】 已知电路 CP 及 A 的波形如图 4.34(a) 和 (b) 所示，设触发器的初态为 **0**，试画出输出端 B 和 C 的波形。

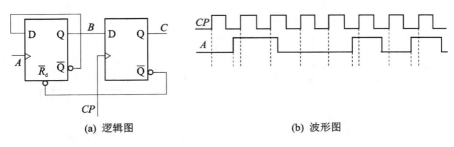

(a) 逻辑图　　　　　　　　　　　　(b) 波形图

图 4.34 习题 4.8

解： 如图 4.35 所示。

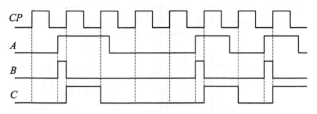

图 4.35 习题 4.8 的解

【**习题 4.9**】逻辑电路如图 4.36 所示，已知 CP 和 X 的波形，试画出 Q_1 和 Q_2 的波形。设触发器的初始状态为 **0**。

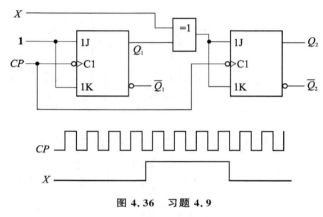

图 4.36 习题 4.9

解： 如图 4.37 所示。

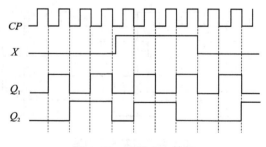

图 4.37 习题 4.9 的解

【**习题 4.10**】试画出图 4.38 所示电路在图(b)所示输入信号 CP 和 X 作用下的输出 Q_1、Q_2 和 Z 的波形（Q_1、Q_2 的初态为 **0**）。

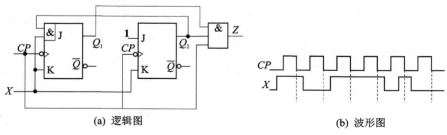

图 4.38 习题 4.10

解：如图 4.39 所示。

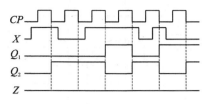

图 4.39   习题 4.10 的解

【**习题 4.11**】试画出图 4.40 所示电路在连续 3 个 CP 周期信号作用下，Q_1、Q_2 端的输出波形（设各触发器的初始状态为 **0**）。

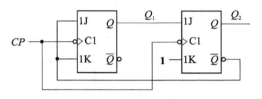

图 4.40   习题 4.11

解：如图 4.41 所示。

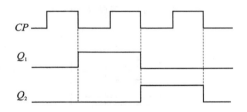

图 4.41   习题 4.11 的解

【**习题 4.12**】试写出图 4.42(a)中各 TTL 触发器输出的次态函数（Q^{n+1}），并画出在图 (b)所示 CP 波形作用下的输出波形（各触发器的初态均为 **0**）。

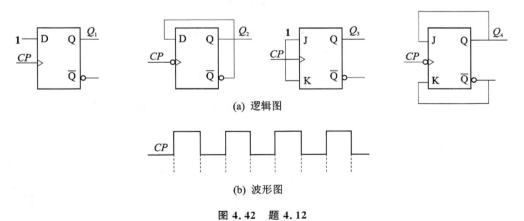

(a) 逻辑图

(b) 波形图

图 4.42   题 4.12

解：$Q_1^{n+1}=\mathbf{1}$，$Q_2^{n+1}=\overline{Q_2^n}$，$Q_3^{n+1}=\overline{Q_3^n}$，$Q_4^{n+1}=Q_4^n$，如图 4.43 所示。

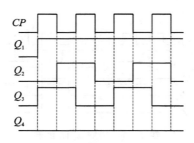

图 4.43 题 4.12 的解

【习题 4.13】电路如图 4.44 所示,其中 $\overline{R}_D$ 为异步置 **0** 端;输入信号 A、B、C 和触发脉冲 CP 的波形如图(b)所示,试画出 Q_1 和 Q_2 的波形。

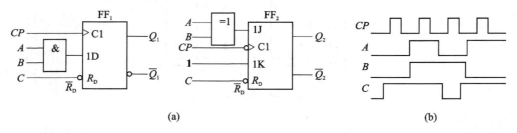

图 4.44 习题 4.13

解: 如图 4.45 所示。

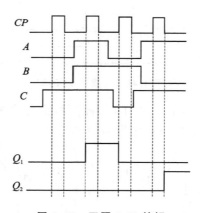

图 4.45 习题 4.13 的解

【习题 4.14】求图 4.46(a)所示各触发器输出端 Q 的表达式,并根据图(b)所示 CP、A、B、C 的波形画出 Q_1 和 Q_2 的波形。设各触发器的初态为 **0**。

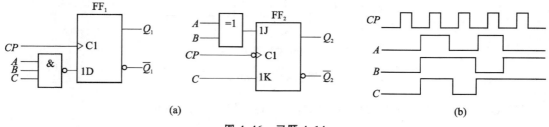

图 4.46 习题 4.14

解: $Q_1 = D = \overline{ABC}$,$Q_2 = J\overline{Q_2} + \overline{K}Q_2 = (A \oplus B)\overline{Q_2} + \overline{C}Q_2$,波形图如图 4.47 所示。

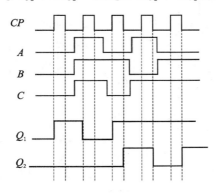

图 4.47　习题 4.14 的解

【**习题 4.15**】在图 4.48 所示电路中,FF$_1$ 和 FF$_2$ 均为负边沿型触发器,试根据 CP 和 X 信号波形,画出 Q_1、Q_2 的波形(设 FF$_1$、FF$_2$ 的初始状态为 **0**)。

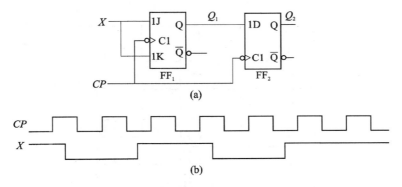

图 4.48　习题 4.15

解: 如图 4.49 所示。

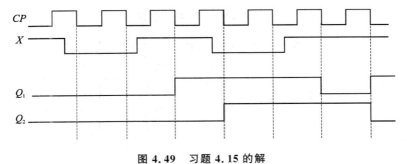

图 4.49　习题 4.15 的解

【**习题 4.16**】电路如图 4.50(a)所示,R、S 和 CP 波形如图(b)所示,试分别画出 $Q_1 \sim Q_4$ 的波形(设各触发器的初态为 **0** 态)。

解: 如图 4.51 所示。

【**习题 4.17**】今有两个 TTL JK 触发器,一个是主从触发方式,另一个是下降边沿触发方式,已知两者的输入波形均如图 4.52 所示,试分别画出两个触发器的输出波形(初始状态均为 **0**)。

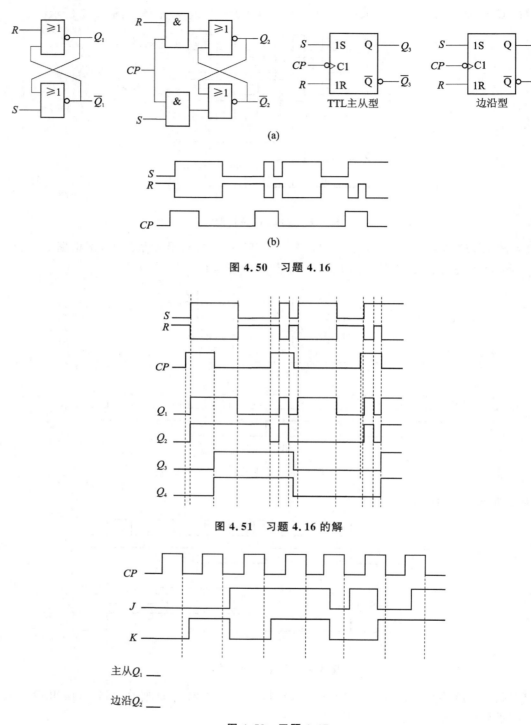

图 4.50 习题 4.16

图 4.51 习题 4.16 的解

图 4.52 习题 4.17

解：如图 4.53 所示。

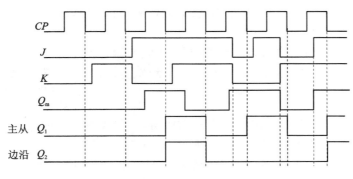

图 4.53　习题 4.17 的解

【习题 4.18】分别按图 4.54(a)和(b)所示 JK 触发器的输入波形，画出主从触发器及负边沿 JK 触发器的输出波形。

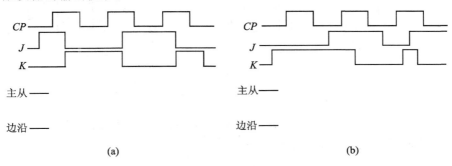

图 4.54　习题 4.18

解：如图 4.55 所示。

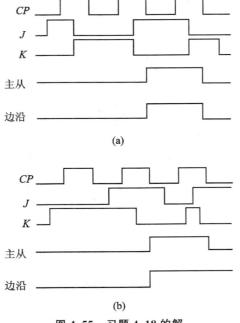

图 4.55　习题 4.18 的解

【习题 4.19】请用一个与门和一个 D 触发器构成一个 T 触发器。

解：如图 4.56 所示。

【习题 4.20】根据特性方程，外加与非门将 D 触发器转换为 JK 触发器；若反过来将 JK 触发器转换为 D 触发器，当如何实现？

解：由 $Q^{n+1}=D=J\overline{Q^n}+\overline{K}Q^n=\overline{\overline{J\overline{Q^n}}\cdot\overline{\overline{K}Q^n}}$ 得，D 触发器转换为 JK 触发器的逻辑图如图 4.57(a)所示，而将 JK 触发器转换为 D 触发器的逻辑图如图 4.57(b)所示。

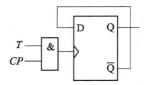

图 4.56 习题 4.19 的解

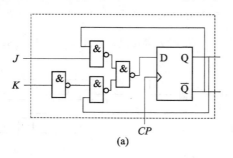
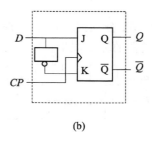

图 4.57 习题 4.20 的解

【习题 4.21】图 4.58(a)为由 555 定时器和 D 触发器构成的电路，请问：

(1) 555 定时器构成的是哪种脉冲电路？

(2) 在图(b)中画出 U_c, U_{o1}, U_{o2} 的波形；

(3) 计算 U_{o1} 和 U_{o2} 的频率；

(4) 如果在 555 定时器的第 5 脚接入 4 V 的电压源，则 U_{o1} 的频率将变为多少？

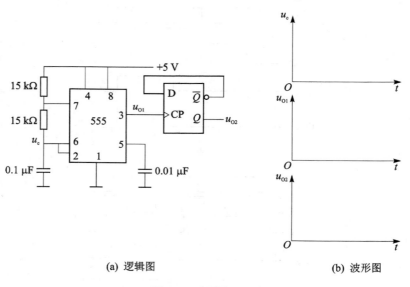

(a) 逻辑图　　　　　　　　　　(b) 波形图

图 4.58 习题 4.21

解：(1) 555 定时器构成多谐振荡器。

(2) u_c, u_{o1}, u_{o2} 的波形如图 4.59 所示。

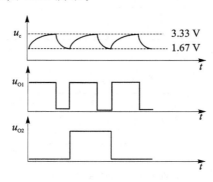

图 4.59 习题 4.21 的解

(3) u_{o1} 的频率 $f_1 = \dfrac{1}{0.7 \times 45 \times 0.1} \approx 317$ Hz，u_{o2} 的频率 $f_2 = f_1/2 = 158.5$ Hz。

(4) 如果在 555 定时器的第 5 脚接入 4V 的电压源，则 u_{o1} 的频率变为

$$\dfrac{1}{1.1 \times 30 \times 0.1 + 0.7 \times 15 \times 0.1} \approx 232 \text{ Hz}$$

【习题 4.22】图 4.60(a) 是由 555 定时器构成的单稳态触发电路，请问：
(1) 简要说明其工作原理；
(2) 计算暂稳态维持时间 t_w；
(3) 画出在图(b)所示输入 u_i 作用下的 u_C 和 u_o 的波形。
(4) 若 u_i 的低电平维持时间为 15ms，要求暂稳态维持时间 t_w 不变，应采取什么措施？

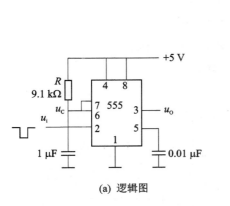

(a) 逻辑图

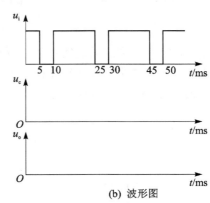

(b) 波形图

图 4.60 习题 4.22

解：图(a)是由 555 定时器构成的单稳态触发电路。
(1) 工作原理(略)。
(2) 暂稳态维持时间 $t_w = 1.1RC = 10$ ms。
(3) u_c 和 u_o 的波形如图 4.61 所示。
(5) 若 u_i 的低电平维持时间为 15 ms，要求暂稳态维持时间 t_w 不变，可加入微分电路。

【习题 4.23】由 555 定时器构成的施密特触发器如图 4.62(a)所示。
(1) 在图(b)中画出该电路的电压传输特性曲线；

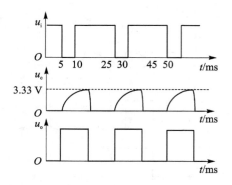

图 4.61 习题 4.22 的解

(2) 如果输入 u_i 为图(c)的波形所示信号,画出对应输出 u_o 的波形;

(3) 为使电路能识别出 u_i 中的第二个尖峰,应采取什么措施?

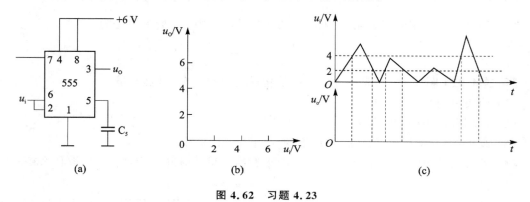

图 4.62 习题 4.23

解:由 555 定时器构成的施密特触发器如图 4.63(a)所示。

(1) 电路的电压传输特性曲线如图 4.63(a)所示。

(2) u_o 的波形如图 4.63(b)所示。

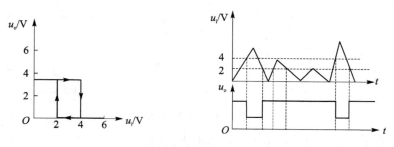

图 4.63 习题 4.23 的解

(3) 为使电路能识别出 u_i 中的第二个尖峰,应降低 555 定时器 5 脚的电压至 3V 左右。

【习题 4.24】 图 4.64 为由两个 555 定时器接成的延时报警器,当开关 S 断开后,经过一定的延迟时间 t_d 后扬声器开始发出声音,如果在迟延时间内闭合开关,扬声器停止发声。在图中给定的参数下,计算延迟时间 t_d 和扬声器发出声音的频率。

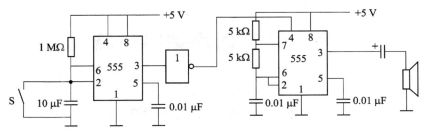

图 4.64 习题 4.24

解： 延迟时间 $t_d = 1.1 \times 1 \times 10 = 11$ s；扬声器发出声音的频率 $f = \dfrac{1}{0.7 \times 3 \times 5 \text{ k}\Omega \times 0.01 \text{ }\mu\text{F}} = 9.6$ kHz。

第5章 时序数字电路

5.1 知识点归纳

1. 本章知识结构(见图 5.1)

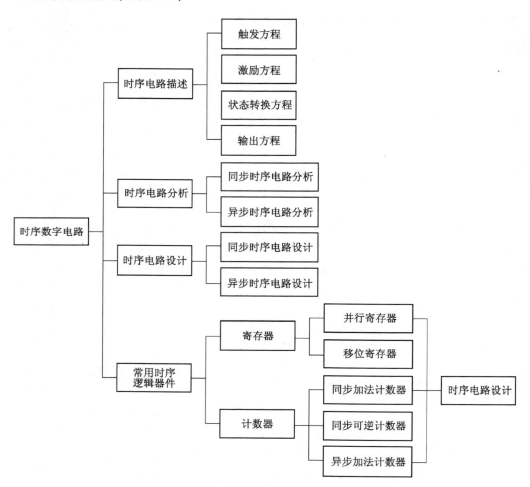

图 5.1 本章知识结构

2. 时序逻辑电路分析

时序逻辑电路分析步骤如图 5.2 所示。

(1) 分析电路结构,确定电路类型(摩尔型/米勒型,同步/异步)。

(2) 根据逻辑电路写方程:输入方程、输出方程、触发方程(异步触发)、状态转换方程。

(3) 根据方程列状态真值表、状态转换表,或画次态/输出卡诺图(可以只用其中一种表示法)。

图 5.2 时序逻辑电路分析步骤

（4）做状态转换图。

（5）根据状态转换图（表）等对逻辑功能进行分析，确定逻辑电路的功能和逻辑描述，判断是否可自启动。

3. 同步时序逻辑电路设计

同步时序逻辑电路设计步骤如图 5.3 所示。

图 5.3 同步时序逻辑电路设计步骤

（1）逻辑抽象：建立原始状态图或原始状态转换表。

（2）状态化简：将等价状态合并，得简化原始状态表。

（3）状态分配：确定触发器的数量 n，应使 $2^{n-1}<M\leqslant 2^n$（M 为状态数），对简化的原始状态表进行状态编码。

（4）根据需要画出最简状态转换图，列出次态/输出卡诺图。

（5）选定触发器类型，确定激励方程（驱动方程）和输出方程。若选用 JK 触发器，可以采用以下两种方法求激励方程：

方法一，借助激励表，列出驱动函数卡诺图，化简得到优化的激励方程；

方法二，由次态/输出卡诺图写出状态转换方程，将其化为触发器特征方程的标准形式，进而得到激励方程。

若选用 D 触发器：可用方法二，状态转换方程即为激励方程。

（6）画出逻辑电路图：根据得到的激励方程和输出方程画出逻辑电路图。

（7）自启动检验：若 $M<2^n$，分析所设计的电路可否自启动。若不可自启动，则需修改设计（修改无关项使其次态为有效状态之一）。

4. 集成寄存器

（1）并行寄存器 74LS175。

① 逻辑符号如图 5.4 所示，功能表见表 5-1。

② 应用：用作数据寄存器；用集成寄存器加适当门构成同步时序电路。

（2）双向移位寄存器 74LS194。

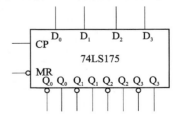

图 5.4 并行寄存器 74LS175 逻辑符号

表 5-1 并行寄存器 74LS175 功能表

$\overline{MR}$	CP	D_0	D_1	D_2	D_3	Q_0	Q_1	Q_2	Q_3	功能
0	×	×	×	×	×	0	0	0	0	异步清零
1	↑	D_0	D_1	D_2	D_3	D_0	D_1	D_2	D_3	同步置数
1	1/0	×	×	×	×	Q_0^n	Q_1^n	Q_2^n	Q_3^n	保持

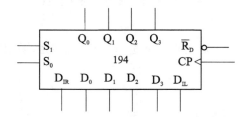

图 5.5 双向移位寄存器 74LS194 逻辑符号

① 逻辑符号如图 5.5 所示,功能表见表 5-2。

表 5-2 双向移位寄存器 74LS194 功能表

CP	$\overline{R}_D$	S_1	S_0	$(Q_0Q_1Q_2Q_3)^{n+1}$	功能
×	0	×	×	0 0 0 0	置 0
↑	1	0	0	$(Q_0Q_1Q_2Q_3)^n$	保持
↑	1	0	1	$(D_{IR}Q_0Q_1Q_2)^n$	右移
↑	1	1	0	$(Q_1Q_2Q_3D_{IL})^n$	左移
↑	1	1	1	$(D_0D_1D_2D_3)^n$	并行输入(置数)

② 应用:级联扩展;构造扭环计数器;根据移位寄存器全状态图构造 M 进制计数器。

5. 集成计数器(见表 5-3)

表 5-3 集成计数器

型号	名称	功能
74LS160	二-十进制可预置同步加法计数器	异步清零、同步预置数、加计数、保持
74LS161	二-十六进制可预置同步加法计数器	
74LS162	二-十进制可预置同步加法计数器	同步清零、同步预置数、加计数、保持
74LS163	二-十六进制可预置同步加法计数器	
74LS190	二-十进制可预置同步可逆计数器	同步预置数、保持、加计数、减计数
74LS191	二-十六进制可预置同步可逆计数器	
74LS192	双时钟二-十进制同步可逆计数器	异步清零、异步置数、加计数、减计数
74LS193	双时钟二-十六进制同步可逆计数器	
74LS290	二-五分频异步加法计数器	异步置 0,异步置 9,加计数

(1) 同步加法计数器。

① 逻辑符号如图 5.6 所示。

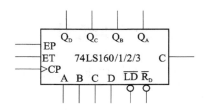

图 5.6 同步加法计数器 74LS160/1/2/3 逻辑符号

② 功能表(160/161——异步清零)见表 5-4。

表 5-4 同步加法计数器 74LS160/1 功能表

CP	$\overline{R_D}$	$\overline{LD}$	$EP\ ET$	$D_3 D_2 D_1 D_0$	$Q_3 Q_2 Q_1 Q_0$	说明
×	0	×	× ×	× × × ×	0 0 0 0	异步清零
↑	1	0	× ×	$D_3 D_2 D_1 D_0$	$D_3 D_2 D_1 D_0$	同步置数
↑	1	1	1 1	× × × ×	计数	10/16 进制
↑	1	1	0 ×	× × × ×	保持	$RC = ET\ Q_3 Q_2 Q_1 Q_0$
↑	1	1	× 0	× × × ×	保持	

74LS162/163 为同步清零,$\overline{R_D}$ 有效时,CP ↑ 来时清零。其他功能与 74LS160/161 相同。

③ 应用:级联扩展(同步设计、异步设计);设计任意 M 进制计数器(清零端控制法,同步置数端控制法);与数据选择器、变量译码器、各种小规模 SSI 门电路配合,设计时序逻辑电路。

(2) 异步集成计数器 74LS290。

① 异步集成计数器 74LS290 逻辑符号如图 5.7 所示。

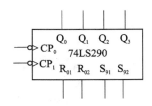

图 5.7 异步集成计数器 74LS290 逻辑符号

② 功能表见表 5-5。

表 5-5 异步集成计数器 74LS290 功能表

CP_0	CP_1	$R_{0(1)}$	$R_{0(2)}$	$S_{9(1)}$	$S_{9(2)}$	$Q_3 Q_2 Q_1 Q_0$	说明
×	×	×	×	1	1	1 0 0 1	置 9
×	×	1	1	0	0	0 0 0 0	清零
↓	↓	0	0	0	0	计数	计数

③ 应用:构造 M 进制计数器(异步清零法,异步置 9 法),设计时序电路。

5.2 习题解答

【习题 5.1】 分析图 5.8 所示电路的逻辑功能。写出电路的激励方程、状态方程、输出方程,并画出状态转换图和时序图。

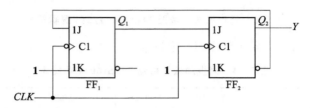

图 5.8 习题 5.1

解:激励方程为 $J_1=\overline{Q_2^n},K_1=1;J_2=Q_1^n,K_2=1$。

状态方程为 $Q_1^{n+1}=J_1\overline{Q_1^n}+\overline{K_1}Q_1^n=\overline{Q_2^n}\,\overline{Q_1^n};Q_2^{n+1}=Q_1^n\overline{Q_2^n}$。

输出方程为 $Y=Q_2^n$。

状态转换表见表 5-6。

表 5-6 习题 5.1 状态转换表

$Q_2^n Q_1^n$	$Q_2^{n+1} Q_1^{n+1}$	Y
0 0	0 1	0
0 1	1 0	0
1 0	0 0	1
1 1	0 0	1

状态转换图如图 5.9 所示。

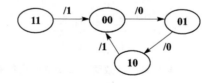

图 5.9 习题 5.1 状态转换

时序图如图 5.10 所示。

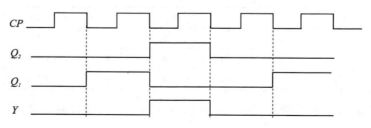

图 5.10 习题 5.1 时序图

逻辑功能：可自启动的 3 进制计数器。

【习题 5.2】分析图 5.11 所示时序电路的功能，并作出它的状态表和状态转换图，其起始状态 $Q_2Q_1Q_0=000$。

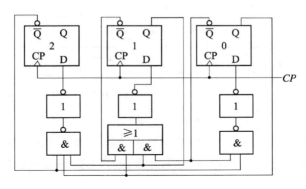

图 5.11 习题 5.2

解：状态转换方程为

$$Q_0^{n+1}=D_0=\overline{Q}_2^n\overline{Q}_0^n$$

$$Q_1^{n+1}=D_1=\overline{Q}_1^n Q_0^n+Q_1^n\overline{Q}_0^n=Q_1^n\oplus Q_0^n$$

$$Q_2^{n+1}=D_2=\overline{Q}_1^n Q_1^n Q_0^n$$

状态转换表见表 5-7，状态转换图如图 5.12 所示。

表 5-7 习题 5.2 状态转换表

$Q_2^n\ Q_1^n\ Q_0^n$	$Q_2^{n+1}\ Q_1^{n+1}\ Q_0^{n+1}$
0 0 0	0 0 1
0 0 1	0 1 0
0 1 0	0 1 1
0 1 1	1 0 0
1 0 0	0 0 0
1 0 1	0 1 0
1 1 0	0 1 0
1 1 1	0 0 0

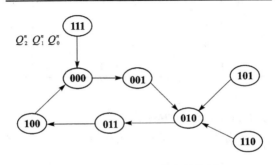

图 5.12 习题 5.2 状态转换图

时序图如图 5.13 所示。

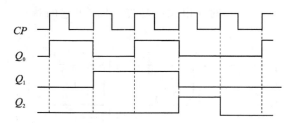

图 5.13 习题 5.2 时序图

逻辑功能:可自启动的同步五进制加法计数器。

【习题 5.3】分析图 5.14 所示时序电路的逻辑功能。要求列出状态表,画出状态图,并说明它是同步计数器还是异步计数器,是几进制计数器,是加法还是减法计数器,能否自启动。

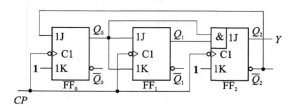

图 5.14 习题 5.3

解:激励方程为 $J_0=\overline{Q_2^n}, K_0=1; J_1=Q_0^n, K_1=Q_0^n; J_2=Q_0^n Q_1^n, K_2=1$。

状态方程为 $Q_0^{n+1}=\overline{Q_2^n}\,\overline{Q_0^n}; Q_1^{n+1}=Q_0^n\overline{Q_1^n}+\overline{Q_0^n}Q_1^n; Q_2^{n+1}=Q_0^n Q_1^n \overline{Q_2^n}$。

输出方程为 $Y=Q_2^n$。

状态表见表 5-8。

表 5-8 习题 5.3 状态表

$Q_2^n Q_1^n Q_0^n$	$Q_2^{n+1} Q_1^{n+1} Q_0^{n+1}$	Y
0 0 0	0 0 1	0
0 0 1	0 1 0	0
0 1 0	0 1 1	0
0 1 1	1 0 0	0
1 0 0	0 0 0	1
1 0 1	0 1 0	1
1 1 0	0 1 0	1
1 1 1	0 0 0	1

状态转换图如图 5.15 所示。

功能:能自启动的同步五进制加法计数器。

【习题 5.4】同步时序电路如图 5.16 所示。图中 X 为输入量,Z 为输出量。分析电路功能,并画出电路状态转换图。

解:激励方程为 $J_1=1, K_1=1; J_2=X\overline{Q_1^n}+\overline{X}Q_1^n, K_2=X\overline{Q_1^n}+\overline{X}Q_1^n$。

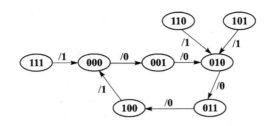

图 5.15　习题 5.3 状态转换图

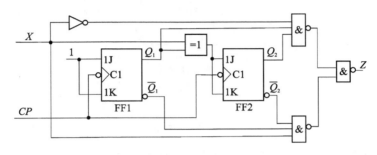

图 5.16　习题 5.4

状态方程为 $Q_1^{n+1}=\overline{Q}_1^n$，$Q_2^{n+1}=(X\overline{Q}_1^n+\overline{X}Q_1^n)\overline{Q}_2^n+(XQ_1^n+\overline{X}\,\overline{Q}_1^n)Q_2^n$。

输出方程为 $Z=X\,\overline{Q}_2^n\,\overline{Q}_1^n+\overline{X}\,Q_2^n\,Q_1^n$。

状态表见表 5-9。

表 5-9　习题 5.4 状态表

X	Q_2^n	Q_1^n	Q_2^{n+1}	Q_1^{n+1}	Z
0	0	0	0	1	0
0	0	1	1	0	0
0	1	0	1	1	0
0	1	1	0	0	1
1	0	0	1	1	1
1	0	1	0	0	0
1	1	0	0	1	0
1	1	1	1	0	0

状态转换图如图 5.17 所示。

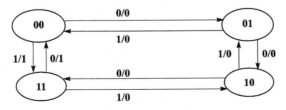

图 5.17　习题 5.4 状态转换图

功能：$X=0$ 时，该电路为四进制加法计数器；$X=1$ 时，该电路为四进制减法计数器；输出 Z 表示进位或借位情况。

【习题 5.5】分析图 5.18 所示异步时序逻辑电路的逻辑功能。

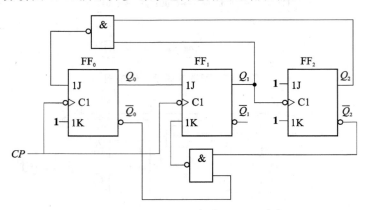

图 5.18　习题 5.5

解：时钟方程为 $CP_0=CP(\downarrow), CP_1=CP(\downarrow), CP_2=Q_1^n(\downarrow)$。

激励方程为 $J_0=\overline{Q_1^n Q_2^n}, K_0=1; J_1=Q_0^n, K_1=Q_0^n+Q_2^n; J_2=K_2=1$。

状态方程为 $Q_0^{n+1}=\overline{Q_1^n Q_2^n}\ \overline{Q_0^n}(CP\downarrow); Q_1^{n+1}=Q_0^n\overline{Q_1^n}+\overline{Q_2^n}\ \overline{Q_0^n}Q_1^n(CP\downarrow); Q_2^{n+1}=\overline{Q_2^n}(Q_1^n\downarrow)$。

状态表见表 5-10。

表 5-10　习题 5.5 状态表

$Q_2^n Q_1^n Q_0^n$	$Q_2^{n+1} Q_1^{n+1} Q_0^{n+1}$
0 0 0	0 0 1
0 0 1	0 1 0
0 1 0	0 1 1
0 1 1	1 0 0
1 0 0	1 0 1
1 0 1	1 1 0
1 1 0	0 0 0
1 1 1	0 0 0

状态转换图如图 5.19 所示。

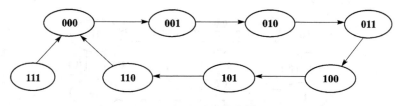

图 5.19　习题 5.5 状态转换图

功能：能自启动的异步七进制加法计数器。

【习题 5.6】 异步时序电路如图 5.20(a) 所示，试画出在图(b)时钟脉冲 CP 作用下，Q_0、Q_1、Q_2 和 Z 端的波形(设各触发器的初态为 **0**)。

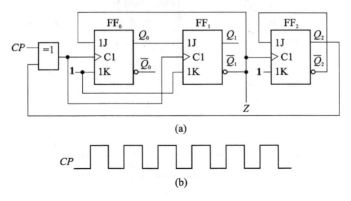

图 5.20 习题 5.6

解：该电路是异步时序电路，且 FF_0 和 FF_1 的触发信号 CP' 与 CP 和输出 Q_2 有关。

(1) 列出各逻辑方程组。

① 时钟方程为
$$CP_0 = CP_1 = CP \oplus Q_2$$
$$CP_2 = \overline{Q_1}$$

当 $Q_2 = \mathbf{0}$ 时，$CP_0 = CP_1 = CP$，CP 上升沿时 FF_0、FF_1 触发；当 $Q_2 = \mathbf{1}$ 时，$CP_0 = CP_1 = \overline{CP}$，$CP$ 下降沿时 FF_0、FF_1 触发。当 Q_1 下降沿时，FF_2 触发。

② 输出方程为
$$Z = \overline{Q_1}$$

③ 激励方程组为
$$J_2 = \overline{Q_2}, \quad K_2 = 1$$
$$J_1 = Q_0, \quad K_1 = 1$$
$$J_0 = \overline{Q_1}, \quad K_0 = 1$$

④ 状态方程为
$$Q_2^{n+1} = \overline{Q_2^n}$$
$$Q_1^{n+1} = \overline{Q_1^n} Q_0^n$$
$$Q_0^{n+1} = \overline{Q_1^n}\,\overline{Q_0^n}$$

(2) 状态表。

根据状态方程组、输出方程及各触发器的 CP 表达式可列出该电路的状态表，见表 5-11。对表中的每一行，首先由 $Q_1^n Q_0^n$ 推导出 $Q_1^{n+1} Q_0^{n+1}$，然后根据 Q_1 是否有下降沿决定 Q_2^{n+1}；最后，根据 Q_1 决定 Z。

表 5-11 习题 5.6 状态表

CP	$Q_2^n Q_1^n Q_0^n$	$Q_2^{n+1} Q_1^{n+1} Q_0^{n+1}$	Z
↑	0 0 0	0 0 1	1
↑	0 0 1	0 1 0	1
↑	0 1 0	1 0 0	0
↑	0 1 1	1 0 0	0
↓	1 0 0	1 0 1	1
↓	1 0 1	1 1 0	1
↓	1 1 0	0 0 0	0
↓	1 1 1	0 0 0	0

(3) 状态图。

状态图如图 5.21 所示。

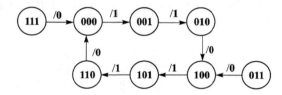

图 5.21 习题 5.6 状态图

(4) 波形图。

需要注意:因为 $CP_0 = CP_1 = CP \oplus Q_2$,因此,要根据 Q_2 的逻辑值正确确定状态变化所对应的 CP 脉冲沿,如图 5.22 所示。

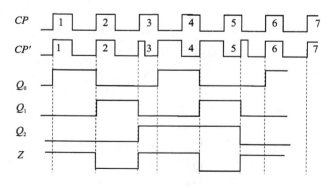

图 5.22 习题 5.6 波形图

(5) 功能。

可自启动的六进制计数器。(用 5 个 CP)

【习题 5.7】按照规定的状态分配,分别写出采用 D 触发器、JK 触发器来实现状态表 5.12 所示的时序逻辑电路。

表 5.12 状态表

Q^n	X	
	0	1
A	B/0	D/0
B	C/0	A/0
C	D/0	B/0
D	A/1	C/1

解： 四种状态应使用 2 个触发器，用 00、01、10、11 分别表示状态 A、B、C、D。

(1) 用 D 触发器设计。

画出次态/输出卡诺图，如图 5.23 所示。

$X \backslash Q_1Q_0$	00	01	11	10
0	01/0	10/0	00/1	11/0
1	11/0	00/0	10/1	01/0

图 5.23 习题 5.7 卡诺图

由卡诺图化简及代数法化简得到的 D 触发器的激励方程和输出方程为

$$D_1 = Q_1^{n+1} = \overline{Q}_1\overline{Q}_0 X + \overline{Q}_1 Q_0 \overline{X} + Q_1 \overline{Q}_0 \overline{X} + Q_1 Q_0 X = Q_1 \oplus Q_0 \oplus X$$

$$D_0 = Q_0^{n+1} = \overline{Q}_0$$

$$Z = Q_1 Q_0$$

逻辑电路图如图 5.24 所示。

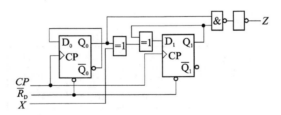

图 5.24 习题 5.7 的解

(2) 用 JK 触发器设计。

状态方程为

$$Q_1^{n+1} = \overline{Q}_1\overline{Q}_0 X + \overline{Q}_1 Q_0 \overline{X} + Q_1 \overline{Q}_0 \overline{X} + Q_1 Q_0 X = (Q_0 \oplus X)\overline{Q}_1 + \overline{Q_0 \oplus X} Q_1, Q_0^{n+1} = \overline{Q}_0$$

激励方程为 $J_1 = K_1 = Q_0 \oplus X$；$J_0 = K_0 = 1$。

输出方程为 $Z = Q_1 Q_0$。

逻辑电路图如图 5.25 所示。

【习题 5.8】 试用 JK 触发器设计一个同步余 3 循环码十进制减法计数器，状态转换图如图 5.26 所示。用 JK 触发器实现此电路，并检查所设计电路的自启动情况。

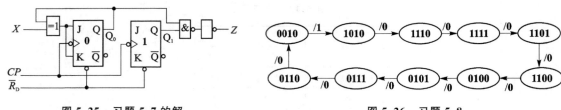

图 5.25 习题 5.7 的解   图 5.26 习题 5.8

解：由题意知，共有 10 个状态，需要 4 个 JK 触发器。状态表见表 5-13。

表 5-13 习题 5.8 状态表

Q_3^n	Q_2^n	Q_1^n	Q_0^n	Q_3^{n+1}	Q_2^{n+1}	Q_1^{n+1}	Q_0^{n+1}	Y
0	0	1	0	1	0	1	0	1
1	0	1	0	1	1	1	0	0
1	1	1	0	1	1	1	1	0
1	1	1	1	1	1	0	1	0
1	1	0	1	1	1	0	0	0
1	1	0	0	0	1	0	0	0
0	1	0	0	0	1	0	1	0
0	1	0	1	0	1	1	1	0
0	1	1	1	0	1	1	0	0
0	1	1	0	0	0	1	0	0

次态/输出卡诺图如图 5.27 所示。状态转换图如图 5.28 所示。

$Q_3^n Q_2^n \backslash Q_1^n Q_0^n$	00	01	11	10
00	××××/×	××××/×	××××/×	1010/1
01	0101/0	0111/0	0110/0	0010/0
11	0100/0	1100/0	1101/0	1111/0
10	××××/×	××××/×	××××/×	1110/0

图 5.27 习题 5.8 卡诺图

状态方程为

$$Q_3^{n+1} = \overline{Q_3^n}\,\overline{Q_2^n} + (Q_1^n + Q_0^n)Q_3^n$$

$$Q_2^{n+1} = (\overline{Q_1^n} + Q_3^n + Q_0^n)Q_2^n + Q_3^n\overline{Q_2^n}$$

$$Q_1^{n+1} = \overline{Q_3^n}Q_0^n\overline{Q_1^n} + (\overline{Q_3^n} + \overline{Q_0^n})Q_1^n$$

$$Q_0^{n+1} = (Q_3^nQ_2^nQ_1^n + \overline{Q_3^n}\,\overline{Q_1^n})\overline{Q_0^n} + (\overline{Q_3^n}\,\overline{Q_1^n} + Q_3^nQ_1^n)Q_0^n$$

输出方程为

$$Y = \overline{Q_3^n}\,\overline{Q_2^n}$$

激励方程为

$$J_3 = \overline{Q_2^n} \quad K_3 = \overline{Q_0^n + Q_1^n} = \overline{Q_0^n}\,\overline{Q_1^n}$$

$$J_2 = Q_3^n \quad K_2 = \overline{\overline{Q_1^n} + Q_3^n + Q_0^n} = Q_1^n \overline{Q_3^n}\,\overline{Q_0^n}$$

$$J_1 = \overline{Q_3^n} Q_0^n \quad K_1 = Q_3^n Q_0^n$$

$$J_0 = Q_3^n Q_2^n Q_1^n + \overline{Q_3^n}\,\overline{Q_1^n} \quad K_0 = Q_3^n \overline{Q_1^n} + \overline{Q_3^n} Q_1^n$$

自启动检验：能自启动。

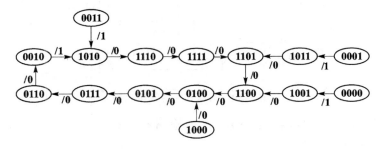

图 5.28　习题 5.8 状态转换图

【习题 5.9】试用下降沿触发的 JK 触发器和适当的门电路，实现图 5.29 所示输出 Z_1 和 Z_2 波形的电路。

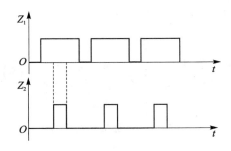

图 5.29　习题 5.9

解：(1) Z_2 和 Z_1 是周期波形，每个周期 $T = 4T_{CP}$。
(2) 用 2 个 JK 触发器设计 4 状态计数器，Z_2 和 Z_1 为输出。
(3) 状态表见表 5-14。

表 5-14　习题 5.9 状态表

Q_1^n	Q_0^n	Q_1^{n+1}	Q_0^{n+1}	Z_2	Z_1
0	0	0	1	0	0
0	1	1	0	0	1
1	0	1	1	1	1
1	1	0	0	0	1

(4) 状态方程及输出方程（要使用的门电路最少，尽量用相同的 1 圈）为

$$Q_1^{n+1}=Q_0^n\overline{Q_1^n}+Q_1^n\overline{Q_0^n}\,;\ Q_0^{n+1}=\overline{Q_0^n}$$

$$Z_2=Q_1^n\overline{Q_0^n}\,;\ Z_1=Q_0^n+Q_1^n$$

激励方程为

$$J_1=K_1=Q_0^n\,;\ J_0=K_0=1$$

(5) 逻辑电路如图 5.30 所示。

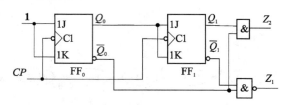

图 5.30　习题 5.9 的逻辑电路

【习题 5.10】用 JK 触发器设计 1011 序列检测器。要求写出：(1)状态图；(2)状态表；(3)激励方程；(4)逻辑电路图。

解：设 S_0 为初始及检测成功状态；S_1 为输入一个 **1** 状态；S_2 为输入 **10** 状态；S_3 为输入 **101** 状态；X 为输入；Z 为输出。

(1) 状态图如图 5.31 所示。

(2) 状态表见表 5-15，状态分配见表 5-16。

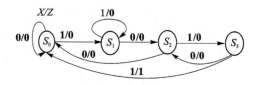

图 5.31　习题 5.10 状态图

表 5-15　习题 5.10 状态表

状态	X	
	0	1
S_0	$S_0/0$	$S_1/0$
S_1	$S_2/0$	$S_1/0$
S_2	$S_0/0$	$S_3/0$
S_3	$S_2/0$	$S_0/1$

表 5-16　习题 5.10 状态分配

S_0	00
S_1	01
S_2	10
S_3	11

(3) 激励方程。先写出激励表（见表 5-17），再对激励函数卡诺图（见图 5.32 和图 5.33）化简，求得激励方程。

$$J_1=K_1=\overline{Q_0^n}Q_0^n\overline{X}+Q_1^n\overline{Q_0^n}\,\overline{X}+Q_1^nQ_0^nX$$

$$J_0=K_0=Q_0^n\overline{X}+Q_1^nX+\overline{Q_0^n}X$$

表 5-17 习题 5.10 激励表

Q_1^n	Q_0^n	X	Q_1^{n+1}	Q_0^{n+1}	Z	J_1	K_1	J_0	K_0
0	0	0	0	0	0	0	×	0	×
0	0	1	0	1	0	0	×	1	×
0	1	0	1	0	0	1	×	×	1
0	1	1	0	1	0	0	×	×	0
1	0	0	0	0	0	×	1	×	0
1	0	1	1	1	0	×	0	1	×
1	1	0	1	0	0	×	0	×	1
1	1	1	0	0	1	×	1	×	1

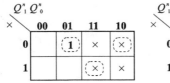 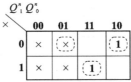

图 5.32 习题 5.10 卡诺图 1

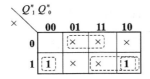 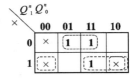

图 5.33 习题 5.10 卡诺图 2

（4）逻辑电路如图 5.34 所示。

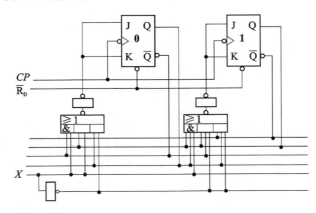

图 5.34 习题 5.10 逻辑电路

【习题 5.11】用上升沿 D 触发器设计一个具有如下功能的电路（如图 5.35 所示）：开关 S 处于位置 $1(X=0)$ 时，输出 $ZW=00$；当开关 S 掷到 $2(X=1)$ 时，电路要产生完整的系列输出，即 $ZW:00 \to 01 \to 11 \to 10$（开始 S 在位置 1）；如果完整的系列输出后，S 仍在位置 2，则 ZW

一直保持 10 状态,只有当 S 回到位置 1 时,ZW 才重新回到 00。要求:

(1)画出最简状态图;
(2)列出状态表;
(3)给定状态分配;
(4)写出状态方程及输出方程;
(5)画出逻辑图。

解:ZW 的状态为 00、01、10、11,所以设:输出 $Z=Q_1$,$W=Q_0$,输入为 X。

(1)状态图如图 5.36 所示。

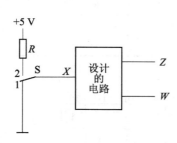

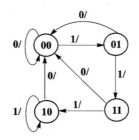

图 5.35 习题 5.11　　　　　图 5.36 习题 5.11 状态图

(2)状态表见表 5-18。

表 5-18 习题 5.11 状态表

Q_1^n	Q_0^n	X	Q_1^{n+1}	Q_0^{n+1}
×	×	0	0	0
0	0	1	0	1
0	1	1	1	1
1	1	1	1	0
1	0	1	1	0

(3)卡诺图如图 5.37 和图 5.38 所示,状态方程如下:

$$D_1 = Q_1^{n+1} = Q_0^n X + Q_1^n X$$

$$D_0 = Q_0^{n+1} = \overline{Q_1^n} X$$

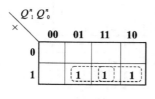

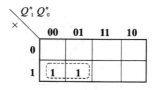

图 5.37 卡诺图 1　　　　　图 5.38 卡诺图 2

(4)逻辑图如图 5.39 所示。

【**习题 5.12**】设计一个彩灯控制逻辑电路。R、Y、G 分别表示红、黄、绿三个不同颜色的彩灯。当控制信号 $A=0$ 时,要求三个灯的状态按图 5.40(a)的状态循环变化;而 $A=1$ 时,要求三个灯的状态按图 5.40(b)的状态循环变化。图中涂黑的圆圈表示灯点亮,空白的圆圈表示灯熄灭。

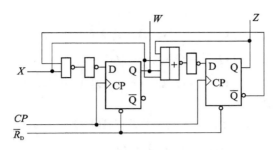

图 5.39　习题 5.11 逻辑图

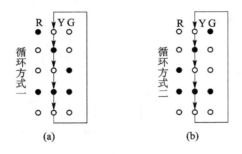

图 5.40　习题 5.12

解：把 RYG 三个灯的状态用 $Q_2Q_1Q_0$ 表示。状态转换表见表 5-19。

表 5-19　习题 5.12 状态转换表

A	Q_2^n	Q_1^n	Q_0^n	Q_2^{n+1}	Q_1^{n+1}	Q_0^{n+1}
0	0	0	0	1	0	0
0	0	0	1	1	1	1
0	0	1	0	0	0	1
0	0	1	1	×	×	×
0	1	0	0	0	1	0
0	1	0	1	×	×	×
0	1	1	0	×	×	×
0	1	1	1	0	0	0
1	0	0	0	0	0	1
1	0	0	1	0	1	0
1	0	1	0	1	0	0
1	0	1	1	×	×	×
1	1	0	0	1	1	1
1	1	0	1	×	×	×
1	1	1	0	×	×	×
1	1	1	1	0	0	0

状态方程为

$$Q_2^{n+1} = \overline{Q_2^n}\,\overline{Q_1^n}\,\overline{A} + AQ_2^n\overline{Q_1^n} + AQ_1^n\overline{Q_2^n}$$

$$Q_1^{n+1} = \overline{Q_1^n}Q_0^n + Q_2^n\overline{Q_1^n}$$

$$Q_0^{n+1} = \overline{Q_1^n}\,\overline{Q_0^n}A + \overline{Q_2^n}Q_0^n\overline{A} + \overline{Q_2^n}Q_1^n\overline{A}$$

D 触发器实现的激励方程为

$$D_2 = Q_2^{n+1} = \overline{Q_2^n}\,\overline{Q_1^n}\,\overline{A} + AQ_2^n\overline{Q_1^n} + AQ_1^n\overline{Q_2^n};$$

$$D_1 = Q_1^{n+1} = \overline{Q_1^n}Q_0^n + Q_2^n\overline{Q_1^n}$$

$$D_0 = Q_0^{n+1} = \overline{Q_1^n}\,\overline{Q_0^n}A + \overline{Q_2^n}Q_0^n\overline{A} + \overline{Q_2^n}Q_1^n\overline{A}$$

状态转换图如图 5.41 所示。

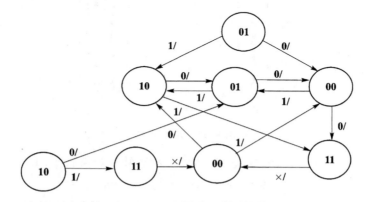

图 5.41 习题 5.12 状态转换图

能够自启动。

【**习题 5.13**】图 5.42 所示是一个移位寄存器型计数器，试画出它的状态转换图，说明这是几进制计数器，能否自启动。

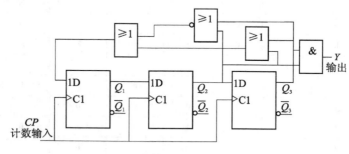

图 5.42 习题 5.13

解：状态转换图如图 5.43 所示。

能自启动的五进制计数器。

【**习题 5.14**】试分析图 5.44 所示的计数器在 $M=1$ 和 $M=0$ 时各是几进制。

解：当 $M=1$，为六进制；$M=0$，为八进制。

由于电路为同步置数法加 1 计数器，所以 $M=0$ 时，当计数值 $=1001$ 时，置数 0010，即计数范围是 $0010 \to 0011 \to 0100 \to 0101 \to 0110 \to 0111 \to 1000 \to 1001$，之后回到 0010，重新开始计

数,为八进制计数器。$M=1$ 时,当计数值 $=1001$ 时,置数 0100,即计数范围是 $0100 \rightarrow 0101 \rightarrow 0110 \rightarrow 0111 \rightarrow 1000 \rightarrow 1001$,之后回到 0100,重新开始计数,为六进制计数器。

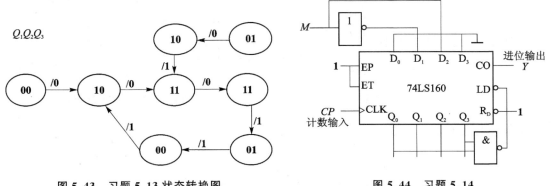

图 5.43 习题 5.13 状态转换图　　　图 5.44 习题 5.14

【习题 5.15】分析图 5.45 所示的(a)和(b)电路,说明各是多少进制的计数器。

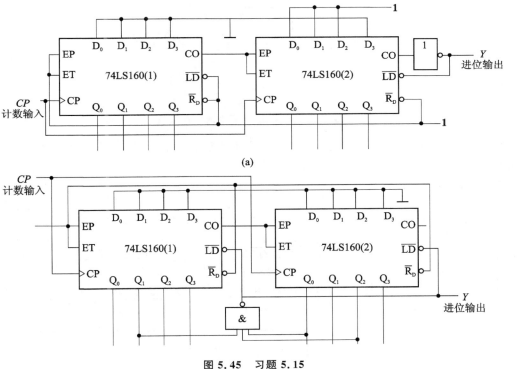

图 5.45 习题 5.15

解： 图(a)为 30 进制(从 70 至 99 循环计数)。图(b)为 53 进制(从 0 至 52 循环计数)。

【习题 5.16】使用 74LS160 芯片接成计数长度为 $M=7$ 的计数器。要求分别用 $\overline{LD}$ 端复位法、$\overline{LD}$ 端置最大数法和直接清零复位法来实现,画出相应的接线图。

解： $\overline{LD}$ 端复位法如图 5.46 所示。
$\overline{LD}$ 端置最大数法如图 5.47 所示。

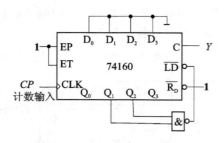
图 5.46 习题 5.16 $\overline{LD}$ 端复位法

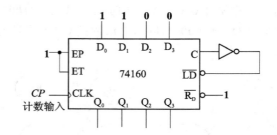
图 5.47 习题 5.16 $\overline{LD}$ 端置最大数法

直接清零复位法如图 5.48 所示。

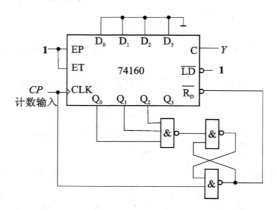
图 5.48 习题 5.16 直接清零复位法

【习题 5.17】用 74160 芯片设计一个三百六十五进制计数器,要求各片间为 10 进制关系,允许附加必要的门电路。

解：如图 5.49 所示。

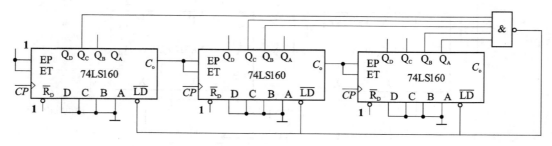
图 5.49 习题 5.17 的解

【习题 5.18】分析图 5.50 所示由 74LS161 构成的电路。(1)画出完整的状态转换图；(2)画出 Q_d 相对于 CP 的波形,说明是几分频,Q_d 的占空比是多少。

解：(1)状态转换图如图 5.51 所示。

(2) Q_d 相对于 CP 的波形如图 5.52 所示。Q_d 对 CP 十分频,Q_d 的占空比是 50%。

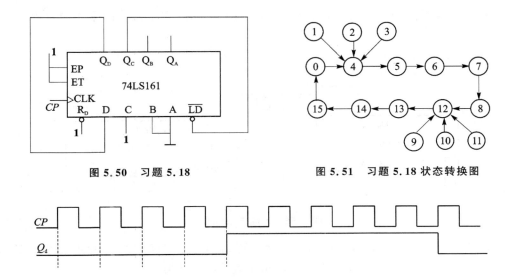

图 5.50　习题 5.18

图 5.51　习题 5.18 状态转换图

图 5.52　习题 5.18 波形图

【**习题 5.19**】使用 74LS161 芯片接成计数长度为 $M=13$ 的计数器。要求分别用 $\overline{LD}$ 端复位法、$\overline{LD}$ 端置最大数法和直接清零复位法来实现,画出相应的接线图。

解: $\overline{LD}$ 端复位法如图 5.53 所示。

$\overline{LD}$ 端置最大数法如图 5.54 所示。

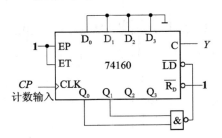
图 5.53　习题 5.19 $\overline{LD}$ 端复位法

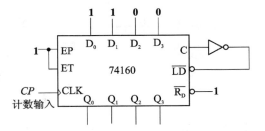
图 5.54　习题 5.19 $\overline{LD}$ 端置最大数法

直接清零复位法如图 5.55 所示。

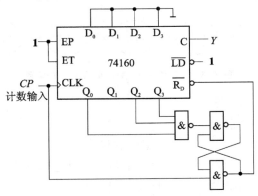

图 5.55　习题 5.19 $\overline{LD}$ 直接清零复位法

【习题 5.20】试用两片 74LS161 组成模为 90 的计数器,要求两片间采用异步串级法,并工作可靠。

解：如图 5.56 所示。

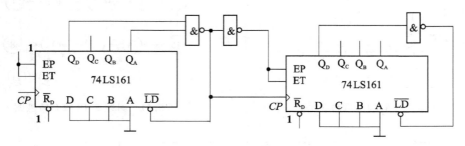

图 5.56 习题 5.20 的解

【习题 5.21】同步可预置数的可加/减 4 位二进制计数器 74LS191 芯片组成图 5.57 所示电路,分析各电路的计数长度 M 为多少？画出相应的状态转换图。

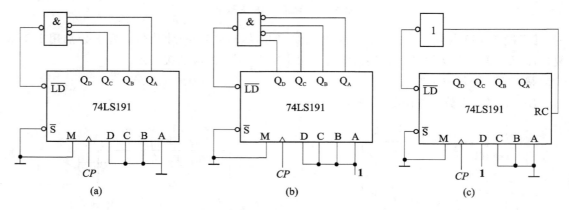

图 5.57 习题 5.21

解：图(a) $M=9$ 进制,如图 5.58 所示。

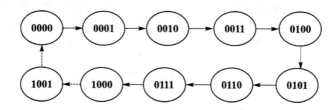

图 5.58 习题 5.21 $M=9$ 的状态转换图

图(b) $M=11$,如图 5.59 所示。

图(c) $M=7$,如图 5.60 所示。

【习题 5.22】分析图 5.61 所示电路的工作过程。

(1) 画出对应 CP 的输出 $Q_A Q_D Q_C$ 和 Q_B 的波形和状态转换图(Q_A 为高位)。

(2) 按 $Q_A Q_D Q_C Q_B$ 顺序电路给出的是什么编码？

(3) 按 $Q_D Q_C Q_B Q_A$ 顺序列出电路给出的编码？

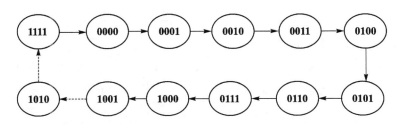

图 5.59　习题 5.21 $M=11$ 的状态转换图

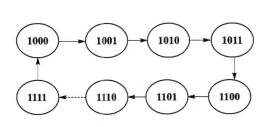

图 5.60　习题 5.21 $M=7$ 的状态转换图

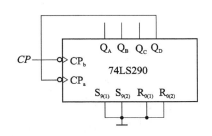

图 5.61　习题 5.22

解：（1）对应 CP 的输出 $Q_A Q_D Q_C$ 和 Q_B 的波形和状态转换图如图 5.62 所示。

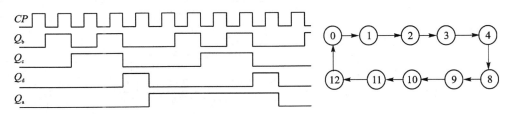

图 5.62　习题 5.22 波形和状态转换图

（2）按 $Q_A Q_D Q_C Q_B$ 顺序电路给出的是 BCD5421 码。

（3）按 $Q_D Q_C Q_B Q_A$ 顺序电路给出的编码如图 5.63 所示。

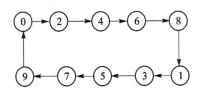

图 5.63　习题 5.22 按 $Q_D Q_C Q_B Q_A$ 顺序电路的编码图

【**习题 5.23**】分析图 5.64 所示各电路，分别指出它们各是几进制计数器。

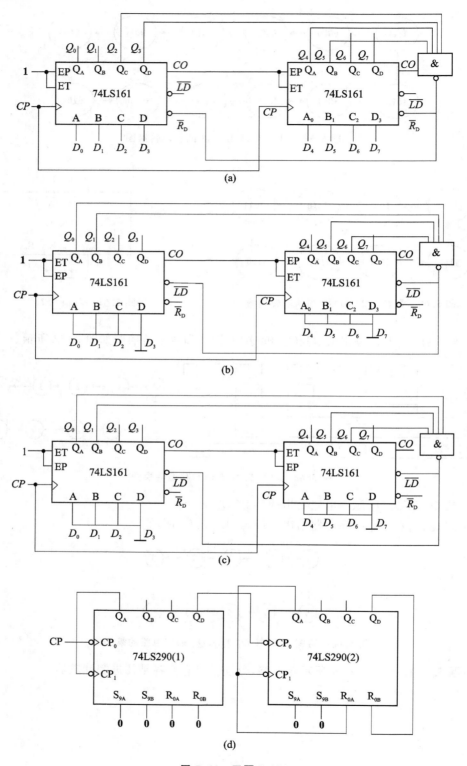

图 5.64 习题 5.23

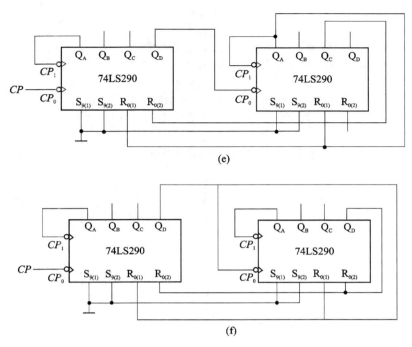

图 5.64 习题 5.23(续)

解:(a)$M=60$;(b)$M=100$;(c)$M=180$;(d)$M=90(0\sim89)$。若考虑 74LS290(2)的 Q_A 变 0 时的下降沿的作用,则为 70 进制($20\sim89$ 计数)。(e)$M=50(0\sim49)$。若考虑右边芯片 74LS290 的 Q_0 变 0 时的下降沿的作用则 $M=30(20\sim49$ 计数)。(f)$M=88(0\sim87$ 计数)。若考虑右边芯片 74LS290 的 Q_3 变 0 时的下降沿引起右边 74LS290 加 1 计数的作用,则 $M=78$ 进制(从 $10\sim87$ 计数)。

【习题 5.24】试用 VHDL 语言设计一个 24 进制同步计数器。

解:

```
LIBRARY   IEEE;                                    IEEE 库
USE   IEEE.STD-OGIC-1164.ALL;                      使用 IEEE 中的 STD 库
USE   IEEE.STD-LOGIC-UNSIGNED.ALL;                 使用 IEEE 中的 UNSIGNED 库
ENTITY   count24en IS                              计数器 count24 是一个实体
    PORT(clk,clr,en:IN STD-LOGIC;                  输入 clk,clr,en 是逻辑变量
q0,q1,q2,q3,q4:OUT   STD-LOGIC);                   输出 q0,q1,q2,q3,q4 是逻辑变量
END count24en;                                     描述 count24en 结束
ARCHITECTURE rtl OF count24en IS                   构造一个 24 进制计数器
SIGNAL count-5:STD-LOGIC-VECTOR(4 DOWN TO 0)       五位计数器
BEGIN
    q0<=count-5(0);                                计数器中的 q0 是 0 位
    q1<=count-5(1);                                计数器中的 q1 是 1 位
    q2<=count-5(2);                                计数器中的 q2 是 2 位
    q3<=count-5(3);                                计数器中的 q3 是 3 位
    q4<=count-5(4);                                计数器中的 q4 是 4 位
```

```
    PROCESS(clk,clr)                          流程
        IF(clr = '1')THEN                     如果 clr = '1'
        count - 5<= "00000";                  计数器清零
        ELSIF(clk'EVENT AND clk = "1") THEN   时钟有上升沿事件
        IF(en = '1')THEN                      如果使能端 EN = 1
        IF(count - 5"10111") THEN             5 位计数器的状态是 11011
            count - 5<= "00000";              那么计数器返回初态 00000
        ELES
            count - 5<= count + "00001";      否则计数器加 1
        END IF;
        END IF;
    END PROCESS;
END rtl;
```

第6章 存储器及大规模集成电路

6.1 知识点归纳

1. 本章知识结构(见图 6.1)

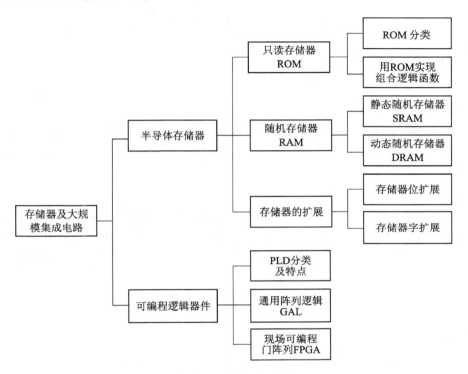

图 6.1 本章知识结构

2. 存储器相关概念

(1) 只读存储器 ROM。正常工作情况下,只能从中读取数据,掉电后数据不丢失。

(2) 随机存取存储器 RAM。正常工作情况下,可随时快速地向存储器中写入数据或从中读取数据,掉电后数据会丢失。

(3) 存储器的容量。存储器容量=字线数×位线数。

3. 存储器容量的扩展

(1) 位扩展方式。将每片存储器的地址线、读/写(或读)和片选控制线分别并联在一起,每片数据线作为扩展后存储器数据线的一部分。

(2) 字扩展。在这种情况下,外部地址线(n 根)比每片存储器的地址线(m 根)多。将每片存储器的数据线、读/写(或读)控制线分别并联在一起;通常将各存储器的地址线并联在一起,并与外部地址线的一部分(m 根)并联;用最小项译码器(地址译码器)对额外的外部地址线($n-m$ 根)进行译码,译码输出线分别连接各片存储器的片选控制信号,实现选片功能。

(3) 字和位同时扩展。可对存储器先进行位扩展,把其当作一个整体后再进行字扩展。

4. 用 ROM 实现组合逻辑函数

用 ROM 实现组合逻辑函数的步骤如图 6.2 所示。

图 6.2　用 ROM 实现组合逻辑函数的步骤

(1) 对实际问题逻辑抽象,并定义输入、输出逻辑变量;
(2) 根据给定的因果关系列出逻辑真值表;
(3) 由真值表写出标准与或表达式;
(4) 画出存储矩阵结点连接图。

5. 通用阵列逻辑 GAL

GAL 由与或门阵列、输出逻辑宏单元 OLMC、输入输出缓冲器等组成,通过编程可将 OLMC 设置成不同的输出方式,具有良好的通用性。电擦除功能使之能方便地进行多次编程。

6. 现场可编程门阵列 FPGA

FPGA 采用了逻辑单元阵列 LCA,内部包括可配置逻辑模块 CLB、输入输出模块 IOB 和内部连线三个部分。FPGA 中每个单元都是可编程的,其工作状态由内部随机存储器中的编程数据设定,掉电后 FPGA 中的编程数据将丢失,所以每次上电工作需要重新加载数据。

6.2　习题解答

【习题 6.1】填空。

(1) 半导体存储器按功能分有_____和_____两种。

(2) 动态存储单元是利用_____存储信息的,为不丢失信息它必须_____。

(3) ROM 主要由_____和_____两部分组成。按照工作方式的不同进行分类,ROM 可分为_____、_____和_____三种。

(4) 某 EPROM 有 8 位数据线、13 位地址线,则其存储容量为_____。

(5) 在系统可编程逻辑器件简称为_____器件,这种器件在系统工作时_____(可以、不可以)对器件的内容进行重构。

(6) 对 ispLSI 器件进行编程时_____(需要、不需要)专门的编程器,对 GAL 器件进行编程时_____(需要、不需要)专门的编程器。

(7) 对 GAL 器件和 ispLSI 器件进行编程时可以选用下列_____输入方式。

(a) 原理图方式　　　　(b) ABEL - HDL 语言
(c) VHDL 语言　　　　(d) 原理图与 ABEL 语言混合输入方式
(e) FM 输入方式

解:(1) ROM,RAM。

(2) 寄生电容的电荷存储效应,定时刷新。
(3) 地址译码器,存储矩阵。固定内容的 ROM、可一次编程的 PROM、EPROM。
(4) $2^{13} \times 8$。
(5) ISP - PLD,可以。
(6) 不需要,需要。
(7) (a)(b)(c)(d)。

【习题 6.2】图 6.3 是 16×4 位 ROM,A_3、A_2、A_1、A_0 为地址输入,D_3、D_2、D_1、D_0 为数据输出,试分别写出 D_3、D_2、D_1 和 D_0 的逻辑表达式。

解:D_3、D_2、D_1 和 D_0 的逻辑表达式分别为

$$D_0 = \sum m(1,3,5,7,9,11,13,15) = A_0$$
$$D_1 = \sum m(3,6,9,12,15)$$
$$D_2 = \sum m(0,4,8,12) = \overline{A_1} \cdot \overline{A_0} = \overline{A_1 + A_0}$$
$$D_3 = \sum m(0,5,9,13)$$

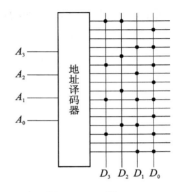

图 6.3 习题 6.2

【习题 6.3】用 16×4 位 ROM 作成两个两位二进制数相乘($A_1 A_0 \times B_1 B_0$)的运算器,列出真值表,画出存储矩阵的结点图。

解:(1) 真值表见表 6-1。

表 6-1 习题 6.3 的真值表

A_1	A_0	B_1	B_0	D_3	D_2	D_1	D_0
0	0	0	0	0	0	0	0
0	0	0	1	0	0	0	0
0	0	1	0	0	0	0	0
0	0	1	1	0	0	0	0
0	1	0	0	0	0	0	0
0	1	0	1	0	0	0	1
0	1	1	0	0	0	1	0
0	1	1	1	0	0	1	1
1	0	0	0	0	0	0	0
1	0	0	1	0	0	1	0
1	0	1	0	0	1	0	0
1	0	1	1	0	1	1	0
1	1	0	0	0	0	0	0
1	1	0	1	0	0	1	1
1	1	1	0	0	1	1	0
1	1	1	1	1	0	0	1

（2）标准与或表达式为

$$D_0 = \sum m(5,7,13,15)$$
$$D_1 = \sum m(6,7,9,11,13,14)$$
$$D_2 = \sum m(10,.11,14)$$
$$D_3 = \sum m(15)$$

用 ROM 实现,存储矩阵的结点图如图 6.4 所示。

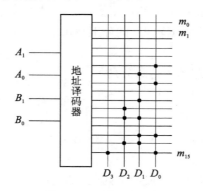

图 6.4　习题 6.3 的解

【习题 6.4】由一个三位二进制加法计数器和一个 ROM 构成的电路如图 6.5(a)所示。
（1）写出输出 F_1、F_2 和 F_3 的表达式；
（2）画出 CP 作用下 F_1、F_2 和 F_3 的波形（计数器的初态为"0"）

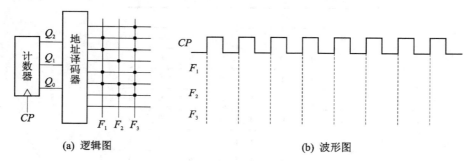

(a) 逻辑图　　　　　　　　　　(b) 波形图

图 6.5　习题 6.4

解：（1）F_1、F_2 和 F_3 的表达式为

$$F_1 = \overline{Q}_1 \cdot Q_0 + Q_2 \cdot \overline{Q}_1 + \overline{Q}_2 \cdot Q_1 \cdot \overline{Q}_0$$
$$F_2 = \overline{Q}_2 \cdot Q_1 \cdot Q_0 + Q_2 \cdot \overline{Q}_1 \cdot Q_0 + Q_2 \cdot Q_1 \cdot \overline{Q}_0$$
$$F_3 = \overline{Q_1 \cdot Q_0}$$

（2）F_1、F_2 和 F_3 的波形如图 6.6 所示。

【习题 6.5】用 PLA 的与或 ROM 实现全加器。
解：如图 6.7 所示。

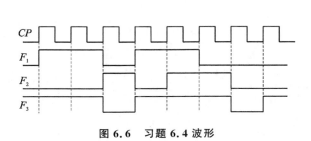

图 6.6 习题 6.4 波形

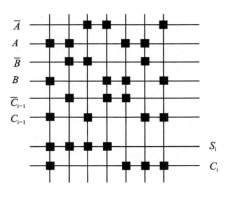

图 6.7 习题 6.5 的解

【习题 6.6】 用 ispLSI 器件实现一个用于步进电机驱动电路的序列脉冲发生器。步进电机有 A、B、C、D、E 五相绕组，工作时的导通顺序为 $AB \to ABC \to BC \to BCD \to CD \to CDE \to DE \to DEA \to EA \to EAB \to AB$。要求：

(1) 列出状态转换表，写出状态方程；
(2) 用 ABEL-HDL 或 VHDL 语言编写程序。

解： 步进电机五相绕组工作有 10 个状态，可用 4 个 D 触发器实现。
(1) 状态转换表见表 6-2。

表 6-2 习题 6.6 的状态转换表

N	状态	Q_3^n	Q_2^n	Q_1^n	Q_0^n	Q_3^{n+1}	Q_2^{n+1}	Q_1^{n+1}	Q_0^{n+1}	A	B	C	D	E
0	AB	0	0	0	0	0	0	0	1	1	1	0	0	0
1	ABC	0	0	0	1	0	0	1	0	1	1	1	0	0
2	BC	0	0	1	0	0	0	1	1	0	1	1	0	0
3	BCD	0	0	1	1	0	1	0	0	0	1	1	1	0
4	CD	0	1	0	0	0	1	0	1	0	0	1	1	0
5	CDE	0	1	0	1	0	1	1	0	0	0	1	1	1
6	DE	0	1	1	0	0	1	1	1	0	0	0	1	1
7	DEA	0	1	1	1	1	0	0	0	1	0	0	1	1
8	EA	1	0	0	0	1	0	0	1	1	0	0	0	1
9	EAB	1	0	0	1	0	0	0	0	1	1	0	0	1

状态方程为

$$A = \overline{Q_2} \cdot \overline{Q_1} + Q_2 \cdot Q_1 \cdot Q_0$$
$$B = \overline{Q_3} \cdot \overline{Q_2} + Q_3 \cdot Q_0$$
$$C = Q_2 \cdot \overline{Q_1} + \overline{Q_2} \cdot Q_1 + \overline{Q_3} \cdot \overline{Q_1} \cdot Q_0$$
$$D = Q_2 + Q_1 \cdot Q_0$$
$$E = Q_3 + Q_2 \cdot Q_1 + Q_2 \cdot Q_0$$

(2) 用 VHDL 语言编写程序如下：

```
LIBRARY IEEE;
USE IEEE.STD_LOGIC_1164.ALL;
ENTITY   STEP_MOTOR IS;
PORT(CLK:IN STD_LOGIC;
PA, PB, PC, PD, PE:OUT STD_LOGIC);
END
STEP_MOTOR
ARCHITECTURE RTL OF STEP_MOTOR IS
SIGNAL COUNT_4:STD_LOGIC_VECTOR(3 DOWNTO 0);
    BEGIN
        Q0 <= COUNT_4(0);
        Q1 <= COUNT_4(1);
        Q2 <= COUNT_4(2);
        Q3 <= COUNT_4(3);
    PROCESS(CLK)
        BEGIN
            IF(COUNT_4 = = "1001") THEN
            COUNT_4 <= "0000"
            ELSE THEN   COUNT_4 <= COUNT_4 +   "0000";
            ENDIF
            A <= ((! Q2) AND (! Q1)) OR( (Q2)AND (Q1) AND (Q0)));
            B <= ((! Q3) AND (! Q2)) OR( (Q3) AND (Q0)));
            C <= ((Q2) AND (! Q1)) OR(! Q2) AND (Q1)) OR( (! Q3) AND (! Q1)AND (Q0)));
            D <= ((Q2) OR( (Q1) AND (Q0)));
            E <= ((Q3)OR((Q2) AND (Q1)) OR( (Q2) AND (Q0)));
    END PROCESS
END RTL
```

【习题 6.7】 试分析图 6.8 所示电路的工作原理,画出共阴极七段数码管显示内容。表 6-3 中列出的是 2716 的十六个位地址单元中所存的数据。

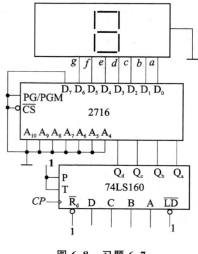

图 6.8 习题 6.7

表 6-3 2716 中的数据

A_3 A_2 A_1 A_0	D_6 D_5 D_4 D_3 D_2 D_1 D_0
0 0 0 0	0 1 1 1 1 1 1
0 0 0 1	0 0 0 0 1 1 0
0 0 1 0	1 0 1 1 0 1 1
0 0 1 1	1 0 0 1 1 1 1
0 1 0 0	1 1 0 0 1 1 0
0 1 0 1	1 1 0 1 1 0 1
0 1 1 0	1 1 1 1 1 0 1
0 1 1 1	0 0 0 0 1 1 1
1 0 0 0	1 1 1 1 1 1 1
1 0 0 1	1 1 0 1 1 1 1

解： 计数器由 0~9 的 8421BCD 码计数；2716 位线输出 $Q_3 \sim Q_0$ 依次为 3FH、06H、5BH、4FH、66H、6DH、7DH、07H、7FH、6FH。

上述数据驱动七段数码管使其依次显示 0、1、2、3、4、5、6、7、8、9，七段数码管循环显示内容如图 6.9 所示。

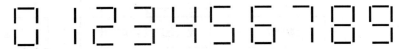

图 6.9 七段数码管显示的内容

第 7 章 数模与模数转换器

7.1 知识点归纳

1. 本章知识结构(见图 7.1)

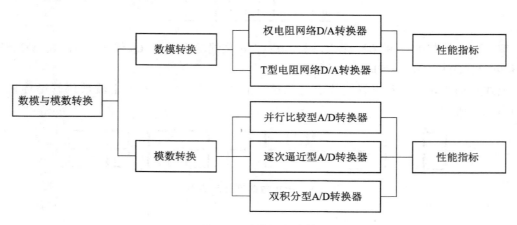

图 7.1 本章知识结构

2. D/A 转换器

(1) 输出与输入的关系如下：

$$U_o = \frac{V_{REF}}{2^n} \sum_{i=0}^{n-1} 2^i d_i = \frac{V_{REF}}{2^n} D$$

(2) 分辨率：输入数字量的最低位(LSB)发生变化引起的输出电压的变化量。常用输入数字量的位数表示分辨率。

(3) 转换精度：指输出电压实际值与理论值之差，通常用 LSB 的倍数表示。

(4) 转换速度：通常用建立时间 t_{set} 描述 D/A 转换器的转换速度。建立时间指输入数字量各位由全 0 变为全 1，或由全 1 变为全 0，输出电压达到某一规定值所需要的时间。

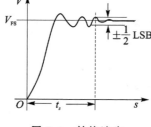

图 7.2 转换速度

3. A/D 转换器

(1) 输出与输入的关系如下：

$$D = \frac{V_i}{V_{REF}} \cdot 2^n$$

(2) 分辨率：反映 A/D 转换器对输入微小变化响应的能力，用数字输出最低有效位(LSB)所对应的模拟输入的电平值表示。由于分辨率直接与转换器的位数有关，可用数字量的位数来表示分辨率。

(3) 转换精度:对应于一个数字量的实际模拟输入电压和理想模拟输入电压之差的最大值。通常以 LSB 的分数值来表示。

(4) 转换时间:指完成一次 A/D 转换所需的时间,即由发出启动转换命令信号到转换结束信号开始有效的时间间隔。

7.2 习题解答

【习题 7.1】填空。

(1) 8 位 D/A 转换器当输入数字量只有最高位为高电平时输出电压为 5V,若只有最低位为高电平,则输出电压为_____。若输入为 10001000,则输出电压为_____。

(2) A/D 转换的一般步骤包括_____、_____、_____和_____。

(3) 已知被转换信号的上限频率为 10 kHz,则 A/D 转换器的采样频率应高于_____,完成一次转换所用时间应小于_____。

(4) 衡量 A/D 转换器性能的两个主要指标是_____和_____。

(5) 就逐次逼近型和双积分型两种 A/D 转换器而言,_____抗干扰能力强;_____转换速度快。

解:(1) 39 mV,5.31 V。

(2) 采样,保持,量化,编码。

(3) 20 kHz,50 μs。

(4) 精度,速度。

(5) 双积分型,逐次逼近型。

【习题 7.2】图 7.3 为一个由四位二进制加法计数器、D/A 转换器、电压比较器和控制门组成的数字式峰值采样电路。若被检测信号为一个三角波,试说明该电路的工作原理(测量前在 $\overline{R_D}$ 端加负脉冲,使计数器清零)。

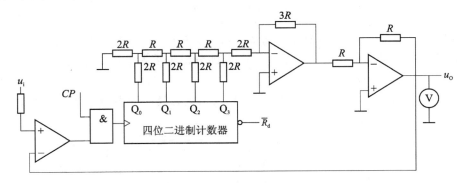

图 7.3 习题 7.2

解:首先将二进制计数器清零,使 $U_o=0$。加上输入信号($U_i>0$),比较器 A 输出高电平,打开与门 G,计数器开始计数,U_o 增加。若 $U_i>U_o$,继续计数,反之停止计数。

对于输入波形,如三角波,U_i 亦增加,只要 U_o 未达到输入信号的峰值,就继续计数,U_o 就会增加;只有当 $U_o=U_{imax}$ 时,才会永远关闭门 G,使之得以保持。电压表将稳定在输入波形的峰值处。

【习题 7.3】双积分型 A/D 转换器如图 7.4 所示，请简述其工作原理并回答下列问题：

(1) 若被检测电压 $u_{imax}=2$ V，要求能分辨的最小电压为 0.1 mV，则二进制计数器的容量应大于多少？需用多少位二进制计数器？

(2) 若时钟频率 $f_{CP}=200$ kHz，则采样时间 $T_1=$?

(3) 若 $f_{CP}=200$ kHz，$u_i<E_R=2$ V，欲使积分器输出电压 u_o 的最大值为 5 V，积分时间常数 RC 应为多少？

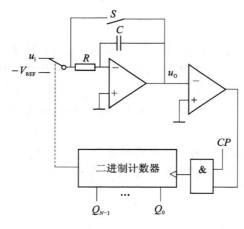

图 7.4 习题 7.3

解：工作原理是将输入电压转换成时间或频率，然后由定时器获得数字值。

(1) 若被检测电压 $u_{imax}=2$ V，要求能分辨的最小电压为 0.1 mV，则二进制计数器的容量应大于 20000；需要用 15 位二进制计数器。

(2) 若时钟频率 $f_{CP}=200$ kHz，则第一次积分时间 $T_1=2^{15}\times 5$ μs $=163.84$ ms，采样—保持时间 $T_H \geqslant T_1=163.84$ ms。

(3) $\dfrac{NT_{CP}}{RC}\times 2$ V $=5$ V，$N=2^{15}$，所以 $RC=65.536$ ms。

【习题 7.4】双积分型 AD 转换器如图 7.5 所示。试问：

(1) 若被检测信号的最大值为 $u_{imax}=2$ V，要能分辨出输入电压的变化小于等于 2 mV，则应选择多少位的 A/D 转换器？

(2) 若输入电压大于参考电压，即 $|u_i|>|V_{REF}|$，则转换过程中会出现什么现象？

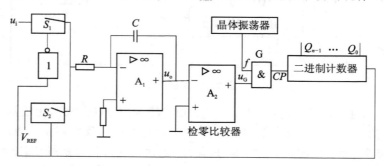

图 7.5 习题 7.4 电路

第 7 章 数模与模数转换器

解:(1)若被检测电压 $u_{imax}=2$ V,要求能分辨的最小电压为 2 mV,则二进制计数器的容量应大于 1000;需用 10 位二进制计数器。

(2)若输入电压大于参考电压,则转换过程中原本超过参考电压的值测量出来会是一个比较小的值,因为 $D=\dfrac{N_1}{V_{REF}}u_i$,所以计数脉冲数会多于计数器的量程。

【习题 7.5】 有一个逐次逼近型 8 位 A/D 转换器,若时钟频率为 250 kHz。

(1)完成一次转换需要多长时间?

(2)输入 u_i 和 D/A 转换器的输出 u_o 的波形如图 7.6 所示,则 A/D 转换器的输出为多少?

解:(1)完成一次转换需要 40 μs。

(2)A/D 转换器的输出为 01001111。

【习题 7.6】 逐次逼近型 A/D 转换器中的 10 位 D/A 转换器的 $U_{omax}=12.276$ V,CP 的频率 $f_{CP}=500$ kHz。

(1)若输入 $u_i=4.32$ V,则转换后输出状态 $D=Q_9Q_8\cdots Q_0$ 是什么?

(2)完成这次转换所需的时间 t 为多少?

解:(1)A/D 转换器的输出为 0101101000。

(2)转换时间 24 μs。

【习题 7.7】 试分析图 7.7 所示电路的工作原理,画出输出电压 U_o 的波形。表 7-1 中列出的是 2716 的 16 个位地址单元中所存的数据。

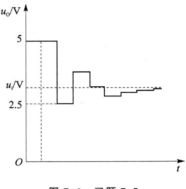

图 7.6 习题 7.5

表 7-1 2716 中的数据

A_3	A_2	A_1	A_0	D_3	D_2	D_1	D_0
0	0	0	0	0	0	0	0
0	0	0	1	0	0	1	0
0	0	1	0	0	0	0	0
0	0	1	1	0	0	1	0
0	1	0	0	0	1	0	0
0	1	0	1	0	0	0	0
0	1	1	0	0	0	0	0
0	1	1	1	0	0	1	0
1	0	0	0	0	1	0	0
1	0	0	1	0	1	1	0
1	0	1	0	0	0	0	0
1	0	1	1	0	0	0	0
1	1	0	0	0	1	0	0
1	1	0	1	0	1	1	0
1	1	1	0	0	0	0	0
1	1	1	1	0	0	0	0

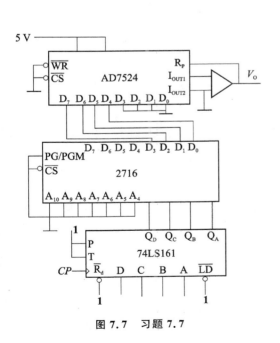

图 7.7 习题 7.7

解：计数器由 0～15 计数；2716 位线输出 Q_3～Q_0 依次为 0,2,0,2,4,0,0,2,4,6,0,2,4,6,0,0。

AD7524 将上述数据进行 D/A 转换并输出（上述幅值占高四位，低四位为 0），U_o 输出电压依次为 0 V,0.625 V,0 V,0.625 V,1.25 V,0 V,0 V,0.625 V,1.25 V,1.875 V,0 V,0.625 V,1.25 V,1.875 V,0 V,0 V。

U_o 的波形如图 7-8 所示。

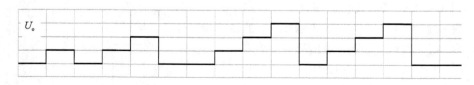

图 7.8　习题 7.7 的波形图

第二部分

综合训练

综合训练 A 基本训练题

【题 A1】 设有 3 个热源,温度范围分别为 0～150 ℃、0～200 ℃、0～250 ℃,温度测量电路以最高精度分别对 3 个热源进行温度测量。某数字系统经 ADC0809 的 IN0～IN2 通道对 3 个热源进行定时采集。设 ADC0809 的单通道转换+数据传输时间为 100 μs,问系统温度采集的精度是多少摄氏度？系统最高采样频率是多少？当热源 1 的温度是 100 ℃ 时,ADC0809 采集转换后输出的数字量是多少？

知识点:模数转换。

解：(1) 系统温度采集的精度 $\Delta = \dfrac{250}{256} = 0.977$ ℃ ≈ 1 ℃。

(2) 最小采样时间 $T_{\min} = 300\mu\text{s}$,系统最高采样频率 $f_{\max} = 3.3$ kHz。

(3) 当热源 1 的温度是 100 ℃ 时,ADC0809 采集转换后输出的数字量 $D = 100/0.977 = 102 = 0110\ 0110\text{B}$。

若取 $\Delta = 1$ ℃,则 $D = 100 = 0110\ 0100\text{B}$。

【题 A2】 利用基本定律和运算规则证明逻辑函数：
$$(A+B+C)(\overline{A}+\overline{B}+\overline{C}) = A\overline{B} + \overline{A}C + B\overline{C}$$

知识点:基本定理。

证明：

方法 1：左边的对偶式 $= ABC + \overline{A}\ \overline{B}\ \overline{C}$。

右边的对偶式 $= (A+\overline{B})(\overline{A}+C)(B+\overline{C})$
$= (A\overline{A} + AC + \overline{B}C + \overline{A}\ \overline{B})(B+\overline{C})$
$= (AC + \overline{A}\ \overline{B} + \overline{B}C)(B+\overline{C})$
$= (AC + \overline{A}\ \overline{B})(B+\overline{C})$
$= ABC + AC\overline{C} + \overline{A}\ \overline{B}B + \overline{A}\ \overline{B}\ \overline{C}$
$= ABC + \overline{A}\ \overline{B}\ \overline{C} = $ 左边的对偶式。

方法 2：左边 $= A\overline{B} + A\overline{C} + \overline{A}B + B\overline{C} + \overline{A}C + \overline{B}C = A\overline{B} + \overline{A}C + B\overline{C} = $ 右边。

【题 A3】 请写出如图 A.1 所示 Y 的最简逻辑函数表达式和约束条件逻辑函数表达式。

Y \ CD AB	00	01	11	10
00	0	0	0	1
01	×	0	0	1
11	1	0	×	×
10	1	1	×	×

图 A.1 题 A3

知识点:卡诺图化简逻辑函数。

解：由卡诺图化简可得

$$Y = A\bar{B} + C\bar{D} + B\bar{D} \text{ 或 } Y = A\bar{B} + C\bar{D} + A\bar{D}$$

约束条件为 $\sum d^4(4,10,11,14,15) = 0$。

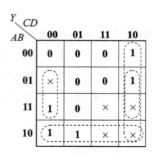

图 A.2　题 A3 的解

【**题 A4**】图 A.3 所示电路，器件参数已知，维持阻塞 D 触发器 $t_{su} = 10$ ns，$t_H = 5$ ns，$t_{CP \to Q\bar{Q}} = 15$ ns，门电路(包括图示**非门**和触发器内部集成的门电路) $t_d = 5$ ns。计算触发时钟最高工作频率 f_{max}。

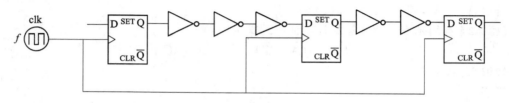

图 A.3　题 A4

知识点：触发器动态特性。

解：触发时钟最小工作周期为 $T_{min} = t_{su} + t_{pd} + t_{CP \to Q\bar{Q}} + 3t_d = 45$ ns。

触发时钟最高工作频率为 $f_{max} = \dfrac{1}{T_{min}} = 22.2$ MHz。

【**题 A5**】图 A.4 中，G_1 为 TTL 三态门，G_2 为 TTL 与非门。当表 A-1 中 $C=0$ 和 $C=1$ 时，试分别说明在下列情况下，万用表的读数和输出电压 u_o 各为多少伏？

(1) 波段开关 S 接到①端。

(2) 波段开关 S 接到②端。

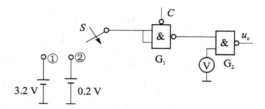

图 A.4　题 A5

表 A-1 题 A5

波段开关	$C=0$		$C=1$	
	万用表的读数/V	u_o/V	万用表的读数/V	u_o/V
1. 波段开关 S 接到①端				
2. 波段开关 S 接到②端				

知识点： 门电路电气参数，三态门。

解： 波段开关 S 接到不同位置且 C 不同时，输出电压 u_o 的值见表 A-2。

表 A-2 题 A5 的解

波段开关	$C=0$		$C=1$	
	万用表的读数/V	u_o/V	万用表的读数/V	u_o/V
1. 波段开关 S 接到①端	0.3	3.6	1.4	0.3
2. 波段开关 S 接到②端	1.4	0.3	1.4	0.3

【**题 A6**】如图 A.5 所示，$R_1=100\text{M}\Omega$，$R_2=100\Omega$，当 $\overline{C}$ 分别接高电平和低电平时，Y_1、Y_2、Y_3 端的输出电压等于多少伏？此时 G_1 门的拉电流或灌电流是多少？

知识点： 门电路电气参数，三态门。

解： $\overline{C}=1$ 时，Y_1 为 G_1 的高阻输出，相当于悬空，$Y_1=0$ V，$Y_2=0.3$ V，$Y_3=3.6$ V，G_1 无电流，等于 0 A；$\overline{C}=0$ 时，$Y_1=0.3$ V，$Y_2=Y_3=3.6$ V，G_1 为灌电流，等于 2 mA。

【**题 A7**】用 74LS194 构成电路如图 A.6 所示。设初态为 **0000**，画出其状态转换图（仅考虑有效循环），分析该电路的功能。

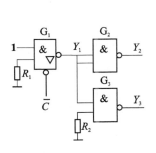

图 A.5 题 A6

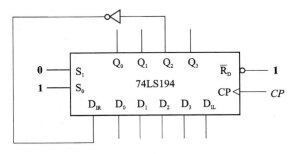

图 A.6 题 A7

知识点： 时序电路分析，移位寄存器。

解： 状态转换图如图 A.7 所示。电路功能为六进制扭环计数器。

【**题 A8**】用适当的门电路，将一个上升沿触发的 T 触发器转换成下降沿触发的 JK 触发器。

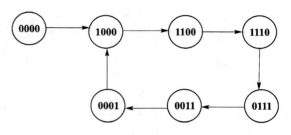

图 A.7　题 A7 的解

知识点：触发器之间转换。

解：JK 触发器的状态转换方程为 $Q^{n+1}=J\overline{Q^n}+\overline{K}Q^n$，$T$ 触发器的状态转换方程为 $Q^{n+1}=T\oplus Q^n$，所以

$$T\oplus Q^n = J\overline{Q^n}+\overline{K}Q^n$$
$$T=(J\overline{Q^n}+\overline{K}Q^n)\oplus Q^n = J\overline{Q^n}+KQ^n$$

T 触发器为上升沿触发，JK 触发器为下降沿触发，故其触发信号前需加非门，逻辑电路如图 A.8 所示。

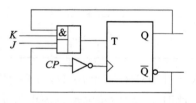

图 A.8　题 A8 的解

【题 A9】图 A.10 所示是 8×4 位的 ROM，请用 ROM 实现以下逻辑函数表达式（A_2 为高位）：

$$D_0=A_2A_1A_0$$
$$D_1=A_2+A_1+A_0$$
$$D_2=A_2\oplus A_1\oplus A_0$$

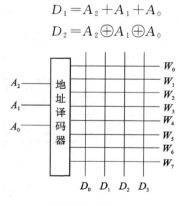

图 A.9　题 A9

知识点：ROM 实现组合逻辑电路。

解：如图 A.10 所示。

【题 A10】已知逻辑函数 $Y(A,B,C,D)=\sum m(0,2,4,5,7,13)+\sum m_d(8,9,10,11,14,$

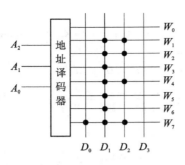

图 A.10 题 A9 的解

15),用卡诺图把该函数化简为最简与或式。

知识点:卡诺图化简逻辑函数。

解:卡诺图如图 A.11 和 A.12 所示,可以采用两种方法画 1 圈。

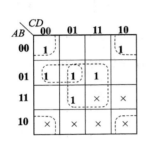

图 A.11 卡诺图 1

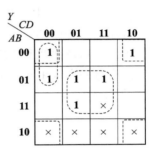

图 A.12 卡诺图 2

卡诺图化简得

$$Y=\overline{B}\overline{D}+BD+\overline{A}BC=\overline{\overline{\overline{B}\overline{D}}\cdot \overline{BD}\cdot \overline{\overline{A}BC}}$$

或

$$Y=\overline{B}\overline{D}+BD+\overline{A}CD=\overline{\overline{\overline{B}\overline{D}}\cdot \overline{BD}\cdot \overline{\overline{A}CD}}$$

注意:答案不唯一。

【题 A11】图 A.13 所示的多谐振荡电路,当调节电位器时,求该电路能输出的最大、最小振荡频率和最大、最小占空比。

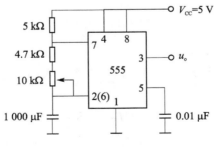

图 A.13 题 A11

知识点:555 定时器。

解： 振荡周期为

$$T = 0.7 \times [5 + 2 \times (4.7 + x)] \text{ k}\Omega \times 1000 \text{ μF}, x = 0 \sim 10 \text{ k}\Omega$$

$$f_{\min} = \frac{1.44}{[5 + 2 \times (4.7 + 10)] \text{ k}\Omega \times 1000 \text{ μF}} = 0.042 \text{ Hz}$$

$$f_{\max} = \frac{1.44}{(5 + 2 \times 4.7) \text{ k}\Omega \times 1000 \text{ μF}} = 0.1 \text{ Hz}$$

占空比为

$$D = \frac{T_1}{T_1 + T_2} \times 100\% = \frac{5 + 4.7 + x}{5 + 2 \times (4.7 + x)} \times 100\%$$

$$D_{\max} = \frac{5 + 4.7}{5 + 2 \times 4.7} \times 100\% = 67\%$$

$$D_{\min} = \frac{5 + 4.7 + 10}{5 + 2 \times (4.7 + 10)} \times 100\% = 57\%$$

【题 A12】 图 A.14 所示电路中,TTL 门电路 $I_{IL} = 1$ mA, $I_{IH} = 50$ μA；OC 门的 $I_{OLmax} = 20$ mA, $I_{OH} = 50$ μA; $R_C = 2$ kΩ, $V_{CC} = 5$ V。

(1) OC 门输出都为 **1**,求此时 OC 门输出端的电压；

(2) 三个 OC 门中有一个输出 **0**,2 个输出为 **1**,设此时输出电压值为 0.3 V,求此时输出为 **0** 的 OC 门的输出电流？

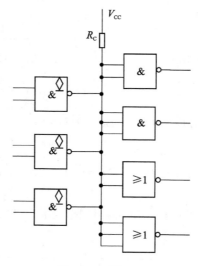

图 A.14 题 A12

知识点： 门电路电气参数,OC 门。

解： (1) 3 个 OC 门输出都为 1,TTL 门有 10 个输入端。电阻 R_C 电流为 $I_{RCH} = 3I_{OH} + 10I_{IH} = 650$ μA,所以输出电压为

$$U_{OH} = V_{CC} - I_{RCH} \cdot R_C = 3.7 \text{ V}$$

(2) OC 门输出有 0, $U_{OL} = V_{CC} - I_{RCL} \cdot R_C = 0.3$ V,所以电阻 R_C 电流为

$$I_{RCL} = 2.35 \text{ mA}$$

有两个 TTL **与非**门,**或非**门有 5 个输入端,且 $I_{RCL} = I_{OL} - 7I_{IL}$,所以 OC 门低电平输出电流为

$$I_{OL} = I_{RCL} + 7I_{IL} = 9.35 \text{ mA}$$

【题 A13】 图 A.15 所示是一片集成 2-5 分频异步加法计数器 74LS290,其中 Q_A 对时钟 CP_A 二分频,Q_D 对时钟 CP_B 五分频。请用这个集成 74LS290 计数器设计一个 9 进制 8421BCD 码计数器。

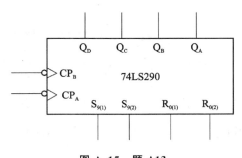

图 A.15 题 A13

知识点:异步计数器。

解:如图 A.16 所示。

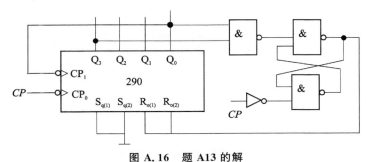

图 A.16 题 A13 的解

【题 A14】 图 A.17 所示电路,U_i 为输入电压,U_o 为输出电压,所使用的门为 TTL 门(阈值电压为 1.4 V),电源 $V_{DD}=5$ V;三极管导通 $U_{be}=0.7$ V;电阻 R_3 和 R_4 远小于关门电阻。请计算正向阈值电压、负向阈值电压和回差电压。

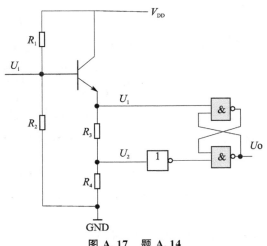

图 A.17 题 A.14

知识点：门电路，RS 触发器。

解：U_1 与 U_2 控制 RS 触发器的输出端，输出 U_o 与输入 U_i 之间的关系如图 A.18 所示。

当 $U_i < 2.1 \text{ V}$ 时，$U_1 = U_i - U_{be} < 1.4 \text{ V}$，$U_2 = \dfrac{R_4}{R_3 + R_4} U_1 < 1.4 \text{ V}$，即 U_1 与 U_2 为低电平，所以 RS 触发器输出 $U_o = \mathbf{0}$。

当 U_i 大于 2.1 V 即 $U_1 > 1.4 \text{ V}$ 且 $U_2 < 1.4 \text{ V}$ 时，U_o 保持 **0**。

当 U_i 继续增大至 $U_2 > 1.4 \text{ V}$ 时，即 $U_i > 2.1 \text{ V} + \dfrac{R_3}{R_4}$ 时，$U_1 > U_2 > 1.4 \text{ V}$，RS 触发器置 **1** 有效，输出 $U_o = \mathbf{1}$。所以正向阈值电压为 $U_{i+} = 2.1 \text{ V} + \dfrac{R_3}{R_4} \times 1.4 \text{ V}$。

当 U_i 不断减小，只有当 $U_1 < 1.4 \text{ V}$ 即 $U_i < 2.1 \text{ V}$ 时，RS 触发器置 **0** 有效，$U_o = \mathbf{0}$，所以反向阈值电压为 $U_{i-} = 2.1 \text{ V}$。

回差电压 $\Delta = \dfrac{R_3}{R_4} \times 1.4 \text{ V}$。

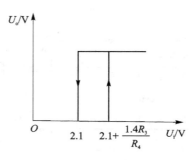

图 A.18　U_o 与 U_i 的关系

【题 A15】 请用图 A.19 所示边沿 JK 触发器搭建对时钟 CP 的二分频和四分频电路。

知识点：JK 触发器，触发器之间转换。

解：先将 JK 触发器接成 T' 触发器，T' 触发器的 Q 端对 CP 二分频，将两个 T' 触发器异步串联，可实现四分频，如图 A.20 所示。

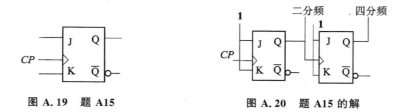

图 A.19　题 A15　　　　　图 A.20　题 A15 的解

【题 A16】 用卡诺图化简
$$Y(ABCD) = \sum m(0,2,3,4,5,6,11,12) + \sum d(8,9,10,13,14,15)$$

知识点：卡诺图化简逻辑函数。

解：将最小项和约束项填入卡诺图 A.21 中，化简得

$$Y(ABCD) = \overline{D} + \overline{B}C + B\overline{C}$$
$$\sum d(8,9,10,13,14,15) = 0$$

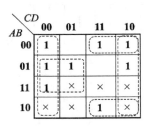

图 A.21 题 A16 的卡诺图

【题 A17】(2017,北京航空航天大学考研题)。选择填空
(1) 在四变量卡诺图中,逻辑上不相邻的一组最小项为( )。
  A. m_1 和 m_3 B. m_6 和 m_4
  C. m_5 和 m_{13} D. m_2 和 m_8
(2) 逻辑函数 $F = \overline{A}B + A\overline{B} + BC$ 的标准**与或**式为( )。
  A. $\sum m(2,3,4,5,7)$ B. $\sum m(1,2,3,4,6)$
  C. $\sum m(0,1,2,3,5)$ D. $\sum m(3,4,5,6,7)$
(3) 属于组合逻辑电路的部件是( )。
  A. 编码器   B. 寄存器   C. 触发器   D. 计数器
(4) 8 位移位寄存器,串行输入时经( )个触发脉冲后,8 位数码全部移入寄存器中。
  A. 1   B. 2   C. 4   D. 8
(5) 随机存取存储器具有( )功能。
  A. 读/写   B. 不可读/写   C. 只读   D. 只写
(6) 半加器和的输出端与输入端的逻辑关系是( )。
  A. 与非   B. 或非   C. 与或非   D. 异或
(7) TTL 集成电路 74LS138 是 3/8 线译码器,译码器为输出低电平有效。若输入为 $A_2 A_1 A_0 = 101$ 时,输出 $\overline{Y}_7 \overline{Y}_6 \overline{Y}_5 \overline{Y}_4 \overline{Y}_3 \overline{Y}_2 \overline{Y}_1 \overline{Y}_0$ 为( )。
  A. 00100000   B. 11011111   C. 11110111   D. 00000100
知识点:最小项,移位寄存器,存储器,逻辑函数,最小项译码器。
解:(1)D,(2)A,(3)A,(4)D,(5)A,(6)D,(7)B。

【题 A18】 电路如图 A.22(a)所示,其中的门电路均由 CMOS 传输门和反相器构成,当 $u_{i1} = 10$ V、$u_{i2} = 5$ V 时,C 的波形如图 A.22(b)所示,请画出输出 u_o 的波形图。
知识点:传输门。
解:$C = 1$ 时,$u_o = u_{i1}$;$C = 0$ 时,$u_o = u_{i2}$,波形图如图 A.23 所示。

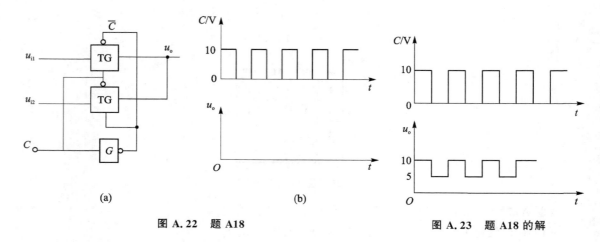

图 A.22 题 A18　　　　　　　　图 A.23 题 A18 的解

【题 A19】用逻辑代数的基本公式和规则证明：如果 $\overline{A \oplus B}=0$，则有 $\overline{AX+BY}=A\overline{X}+B\overline{Y}$。

知识点：基本定理，常用公式。

证明：如果 $\overline{A \oplus B}=0$，则 $A \oplus B=1$，则有 $A=\overline{B}$，所以

$$\begin{aligned}
\overline{AX+BY} &= \overline{AX} \cdot \overline{BY} \\
&= (\overline{A}+\overline{X}) \cdot (\overline{B}+\overline{Y}) \\
&= \overline{A}\,\overline{B}+\overline{A}\,\overline{Y}+\overline{B}\,\overline{X}+\overline{X}\,\overline{Y} \\
&= \overline{A}\,\overline{Y}+\overline{B}\,\overline{X}+\overline{X}\,\overline{Y} \\
&= B\overline{Y}+A\overline{X}+(A+B)\overline{X}\,\overline{Y} \\
&= A\overline{X}+B\overline{Y}
\end{aligned}$$

【题 A20】图 A.24(a) 所示电路是由 555 定时器构成的单稳态触发电路。请画出在图 A.24(b) 所示输入 u_{i1} 和 u_{i2} 作用下的 u_o 的波形，在图上标明暂稳态时间和横坐标时间。

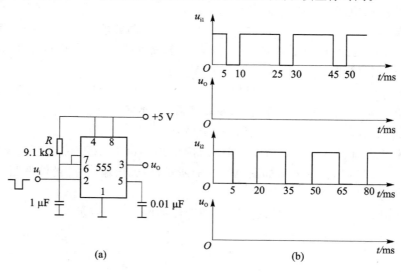

图 A.24 题 A20

知识点：555 定时器。

解：当输入 u_i 为窄负脉冲时，u_o 输出单稳正脉冲，宽度为 $T \approx 1.1RC = 10$ ms；当输入 u_i 负脉冲，宽度 $\geq T$ 时，u_o 输出与输入 u_i 反相。

波形如图 A.25 所示。

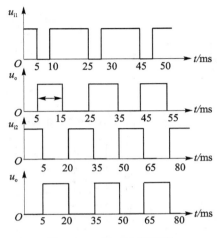

图 A.25 题 A20 波形图

【题 A21】(2018，北京航空航天大学考研题) 组合逻辑电路及输入波形如图 A.26 所示，要求：写出 L_1、L_2、L_3 的逻辑表达式，分析电路功能，并画出 L_2 的波形。

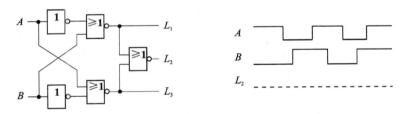

图 A.26 题 A21

知识点：组合电路分析。

解：根据逻辑电路图可写出如下逻辑表达式：

$$L_1 = \overline{\overline{A} + B} = A\overline{B}$$

$$L_3 = \overline{A + \overline{B}} = \overline{A}B$$

$$L_2 = \overline{L_1 + L_3} = \overline{A \oplus B} = A \odot B$$

逻辑电路功能为 1 位数值比较器。L_2 的波形输出如图 A.27 所示。

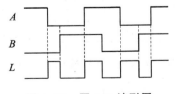

图 A.27 题 A21 波形图

【题 A22】请用如图 A.28 所示边沿 D 触发器和适当的门电路实现 T 触发器的功能，并写出 T 触发器的特征方程。

知识点：触发器之间转换，D 触发器，T 触发器。

解：$Q^{n+1}=(T\overline{Q}+\overline{T}Q)^n=T\oplus Q^n$。电路如图 A.29 所示。

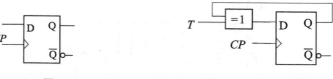

图 A.28 题 A22　　　　　　图 A.29 题 A22 的解

【题 A23】写出图 A.30 所示 F_1 和 F_2 的表达式，说明该电路能完成什么逻辑功能。

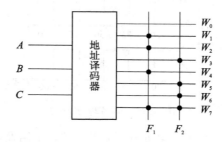

图 A.30 题 A23

知识点：ROM 实现组合逻辑电路，组合电路分析。

解：
$$F_1=W_1+W_2+W_4+W_7=\overline{C}\,\overline{B}A+\overline{C}B\overline{A}+C\overline{B}\,\overline{A}+CBA$$
$$F_2=W_3+W_5+W_6+W_7=\overline{C}BA+C\overline{B}A+CB\overline{A}+CBA$$

真值表见表 A-3。

表 A-3 题 A23 真值表

CBA	F_1	F_2
000	0	0
001	1	0
010	1	0
011	0	1
100	1	0
101	0	1
110	0	1
111	1	1

电路逻辑功能：实现了一位全加器，F_1 为和输出，F_2 为进位输出。

【题 A24】选择填空。

(1) 设计一个 24 进制计数器需要(　　)触发器。

　　A. 8　　　　　　B. 5　　　　　　C. 13　　　　　　D. 4

(2) T 触发器中,当 $T=1$ 时,触发器实现(　　)功能。
　　A. 置 1　　　　　B. 置 0　　　　　C. 计数　　　　　D. 保持
(3) 指出下列电路中能够把串行数据变成并行数据的电路应该是(　　)。
　　A. JK 触发器　　B. 3/8 线译码器　C. 移位寄存器　　D. 十进制计数器
(4) 一个 JK 触发器有(　　)个稳态。
　　A. 3　　　　　　B. 2　　　　　　C. 1　　　　　　D. 4
(5) 若将一个正弦波电压信号转换成同一频率的矩形波,应采用(　　)电路。
　　A. 暂稳态电路　　B. 多谐振荡电路　C. 施密特触发器　D. 分频电路
(6) 对于图 A.31 所示波形,其反映的逻辑关系是(　　)。

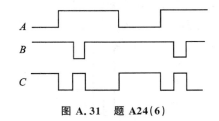

图 A.31　题 A24(6)

　　A. 与关系　　　　B. 异或关系　　　C. 同或关系　　　D. 无法判断
知识点:寄存器,触发器,逻辑函数。
解:(1)B,(2)C,(3)C,(4)B,(5)C,(6)B。

【**题 A25**】已知逻辑函数:$F=\overline{AC}+\overline{\overline{BC}+A(\overline{B}+\overline{CD})}$,直接用反演规则和对偶规则写出其反函数和对偶函数。

知识点:基本规则。

解:反函数为

$$\overline{F}=(A+\overline{C})\cdot\overline{(B+\overline{C})\cdot(\overline{A}+(B\cdot\overline{\overline{C}+\overline{D}}))}$$

对偶函数为

$$F'=(\overline{A}+C)\cdot\overline{(\overline{B}+C)\cdot(A+\overline{B}\cdot\overline{C+D})}$$

【**题 A26**】用如图 A.32 所示集成 4 位二进制计数器 74LS161 采用置数法(同步置数)实现十二进制计数器。

知识点:计数器。

解:如图 A.33 所示。

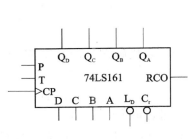

图 A.32　题 A26

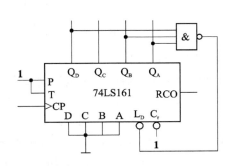

图 A.33　题 A26 的解

【题 A27】图 A.34 中电路由 TTL 门电路构成，写出 P 的表达式，并画出对应 A、B、C 的 P 的波形。

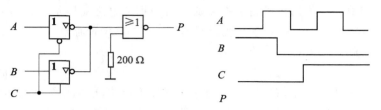

图 A.34　题 A27

知识点：门电路电气参数，三态门，逻辑函数。

解：P 的表达式为 $P=A\overline{C}+BC$，P 的波形如图 A.35 所示。

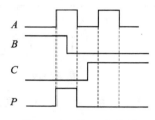

图 A.35　题 A27 的解

【题 A28】图 A.36 所示电路为发光二极管驱动电路，其中 OC 门的输出低电平 $V_{OL}=0.3\text{V}$，输出低电平时的最大负载电流 $I_{OLmax}=16\text{ mA}$，发光二极管的导通电压 $V_D=1.5\text{ V}$，正常发光时电流 $10\text{ mA} \leqslant I_D \leqslant 20\text{ mA}$。试问：

(1) OC 门输出为何种状态时发光二极管可以发光？

(2) 电路正常工作时电阻 R 的取值范围。

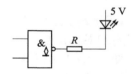

图 A.36　题 A28

知识点：门电路电气参数，OC 门。

解：(1) OC 门输出低电平时发光二极管可以发光。

(2) 二极管正常发光，要求 R 的电流上限是 OC 门低电平最大负载电流 I_{OLmax}，电流下限是发光二极管工作电流下限 10 mA，因此

$$R_{min}=\frac{V_C-V_D-V_{OL}}{I_{OLmax}}=\frac{5-1.5-0.3}{16\times 10^{-3}}=200\ \Omega$$

$$R_{max}=\frac{V_C-V_D-V_{OL}}{I_{D(min)}}=\frac{5-1.5-0.3}{10\times 10^{-3}}=320\ \Omega$$

【题 A29】选择填空。

(1) 八位 D/A 转换器的最小电压增量为 0.01V，当输入代码为 10010001 时，输出电压为（　　）V。

A. 1.28　　　　B. 1.54　　　　C. 1.45　　　　D. 1.56

(2) 函数 $F=AB+BC$，使 $F=1$ 的输入 ABC 取值组合可为（　　）。

A. $ABC=000$　　B. $ABC=010$　　C. $ABC=101$　　D. $ABC=110$

(3) 下列几种 TTL 电路中，输出端电路结构可实现**线与**功能的电路是（　　）。

A. 或非门 　　　　B. 与非门 　　　　C. 异或门 　　　　D. OC 门

(4) 某电路的输入波形 u_i 和输出波形 u_o 如图 A.37 所示，则该电路为（　　）。

A. 施密特触发器　　B. 反相器　　C. 单稳态触发器　　D. JK 触发器

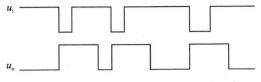

图 A.37　题 A29

(5) 要将方波脉冲的周期扩展 10 倍，可采用（　　）。

A. 10 级施密特触发器　　　　　　B. 10 位二进制计数器
C. 十进制计数器　　　　　　　　D. 10 位 D/A 转换器

知识点：数模转换，逻辑函数，OC 门，计数器。

解：(1)C，(2)D，(3)D，(4)C，(5)C。

【题 A30】已知 $F(A,B,C,D)=\sum m(2,3,9,11,12)$；约束条件 $\sum m(5,6,7,8,10,13)=0$。试用卡诺图化简法求 F 的最简与-或表达式和最简或-与表达式。

知识点：卡诺图化简逻辑函数，逻辑函数变换。

解：绘制 F 的卡诺图，如图 A.38 所示。图(a)中，对卡诺图圈 1 化简，得最简与-或表达式 $F=A\overline{C}+BC$；图(b)中，对卡诺图圈 0 化简，得 F 的反函数 $\overline{F}=\overline{A}\cdot\overline{C}+BC$，通过摩根定律，得最简或-与表达式 $F=(A+C)(\overline{B}+\overline{C})$。

对卡诺图圈 0 化简，用最大项表示可得最简或-与表达式 $F=(A+C)(\overline{B}+\overline{C})$。

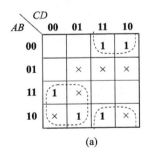 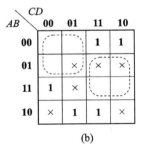

图 A.38　题 A30 卡诺图

【题 A31】触发器电路如图 A.39(a)所示，已知 CLK 和 A 端的波形如图 A.39(b)所示，设触发器的初始状态为 0，请绘出 $\overline{R}_D$ 和 Q 端波形。

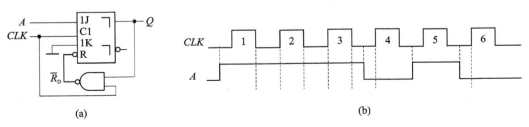

图 A.39　题 A31

知识点：JK 触发器。

解：在触发信号下降沿，根据 JK 触发器的功能特性，由 JK 可求得 Q 的状态（$A=1$，则 Q 置 1；$A=0$ 则 Q 保持原状态），而 Q 反馈到触发器的清零端 $\overline{R}_D$，当 $\overline{R}_D=0$ 有效时，触发器异步清零，使 $Q=0$。

$\overline{R}_D$ 和 Q 端波形如图 A.40 所示。

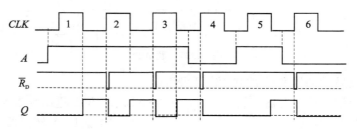

图 A.40　题 A31 波形图

【题 A32】说明图 A.41 是多少进制的计数器？请画出状态转换图。

知识点：异步计数器。

解：三进制。$Q_d Q_c Q_b$ 的状态转换如图 A.42 所示。

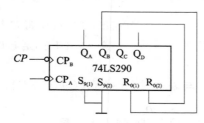

图 A.41　题 A32　　　　图 A.42　题 A32 状态转换图

【题 A33】选择填空。

(1) 有八个触发器的二进制计数器，最多有(　　)种计数状态。

　A. 8　　　　B. 16　　　　C. 256　　　　D. 64

(2) 下式中与非门表达式为(　　)。

　A. $Y=A+B$　　B. $Y=AB$；　　C. $Y=\overline{A+B}$；　　D. $Y=\overline{AB}$

(3) 逻辑电路如图 A.43 所示，函数式为(　　)。

　A. $F=\overline{AB}+\overline{C}$　　B. $F=\overline{AB}+C$　　C. $F=\overline{AB+C}$　　D. $F=A+\overline{BC}$

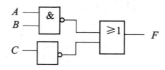

图 A.43　题 A33

(4) 逻辑函数 $F=AB+BC$ 的最小项表达式为(　　)。

　A. $F=m_2+m_3+m_6$　　　　　　B. $F=m_2+m_3+m_7$

　C. $F=m_3+m_6+m_7$　　　　　　D. $F=m_3+m_4+m_7$

(5) 不考虑控制信号,74LS148 编码器有(　　)。

　　A. 三个输入端,三个输出端　　　　B. 八个输入端,八个输出端

　　C. 三个输入端,八个输出端　　　　D. 八个输入端,三个输出端

(6) $L=AB+C$ 的对偶式为(　　)。

　　A. $A+BC$　　　B. $(A+B)C$　　　C. $A+B+C$　　　D. ABC

知识点：逻辑函数,集成编码器,基本规则。

解：(1)C,(2)D,(3)D,(4)A,(5)D,(6)B。

【题 A34】图 A.44 是由两片同步十进制计数器 74LS160 组成的计数器,试分析两片分别是几进制？两片串联起来是多少进制？

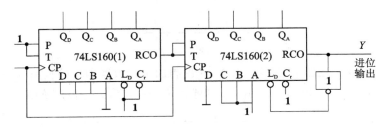

图 A.44　题 A34

知识点：集成同步计数器。

解：第(1)片 74LS160 是十进制,第(2)片 74LS160 是三进制,两片串联起来是三十进制。

【题 A35】用图 A.45 所示的 3 线-8 线译码器 74LS138(A_2 是高位)和适当门电路实现逻辑函数：$Y=AB+BC+AC$。

知识点：组合电路设计,最小项译码器。

解：$Y=AB+BC+AC=m_3+m_5+m_6+m_7$,用 74LS138 和**与非门**实现电路如图 A.46 所示。

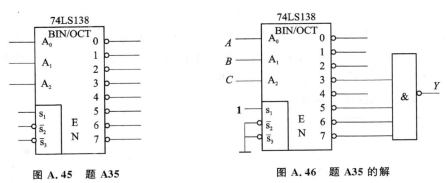

图 A.45　题 A35　　　　　　　　图 A.46　题 A35 的解

【题 A36】当 A、B、C 三个输入变量中有奇数个 **1** 时输出 Y 为 **1**,否则为 **0**。列出真值表,写出 Y 的逻辑表达式。

知识点：组合电路设计。

解：真值表见表 A-4。

表 A-4 题 A36 的真值表

ABC	Y
000	0
001	1
010	1
011	0
100	1
101	0
110	0
111	1

逻辑表达式：$Y = A \oplus B \oplus C$

【题 A37】由集成计数器 74LS161 为 2/16 进制加法计数器构成的电路如图 A.47 所示，试分析该电路构成多少进制计数器（输出 Q_D 和输入 D 为高位）。进位端 $RCO = TQ_DQ_CQ_BQ_A$。

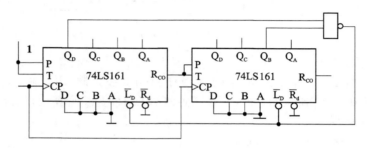

图 A.47 题 A37

知识点：集成同步计数器。

解：二十九进制。

【题 A38】集成 4 位双向移位寄存器 74LS194 的功能表见表 A-5，用图 A.48 所示的 74LS194 和适当的门电路设计一个序列信号检测电路，要求从 D_{IL} 串行输入数据 X，当 X 连续输入为 **10010** 时输出 Y 为 **1**，否则输出 Y 为 **0**。

表 A-5 74LS194 功能表

CP	$\overline{R}_D$	S_1	S_0	$(Q_0Q_1Q_2Q_3)^{n+1}$
×	0	×	×	0 0 0 0
↑	1	0	0	$(Q_0Q_1Q_2Q_3)^n$
↑	1	0	1	$(D_{IR}Q_0Q_1Q_2)^n$
↑	1	1	0	$(Q_1Q_2Q_3D_{IL})^n$
↑	1	1	1	$(D_0D_1D_2D_3)^n$

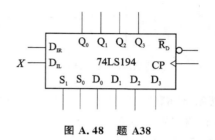

图 A.48 题 A38

知识点：移位寄存器，时序电路设计。

解：如图 A.49 所示。

【题 A39】用卡诺图化简逻辑函数 $F = (\overline{A}\,\overline{B}C + \overline{A}B\overline{C} + AC) \oplus (\overline{A}B\overline{C}D + \overline{A}BC + CD)$。

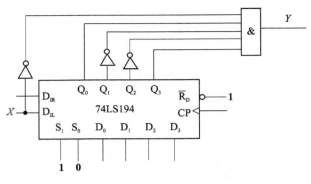

图 A.49 题 A38 的解

知识点：卡诺图化简逻辑函数，逻辑运算。

解：两个逻辑函数**异或**运算，可以通过将卡诺图中对应最小项**异或**运算来实现。图 A.50 所示与图 A.51 所示对应最小项**异或**，得如图 A.52 所示卡诺图，化简得 $F = C\overline{D} + \overline{A}BC + \overline{A}B\overline{D}$。

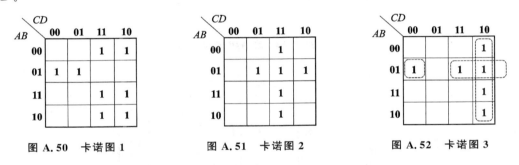

图 A.50　卡诺图 1　　　图 A.51　卡诺图 2　　　图 A.52　卡诺图 3

【**题 A40**】用如图 A.53 所示的一个集成四选一 74LS153 和四个集成八选一 74LS151 扩展成 32 选一电路，画出电路连接图，并标出控制端的高低位和数据。

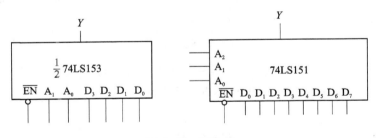

图 A.53　题 A40

知识点：数据选择器级联扩展。

解：电路连接如图 A.54 所示。

【**题 A41**】利用集成计数器 74LS160 的同步置数端 $\overline{LD}$ 实现 64 进制计数器。

知识点：集成同步计数器。

解：先将两片 74LS160 同步级联成 100 进制计数器，然后用 63 即 0110 0011 将计数器置位为 **0**，实现 64 进制计数器，逻辑电路连接如图 A.55 所示。

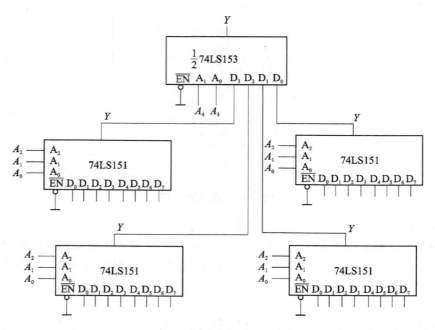

图 A.54 题 A40 的解

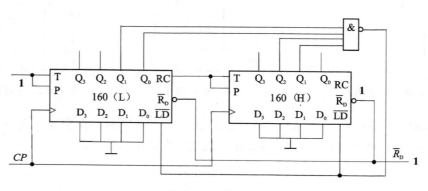

图 A.55 题 A41

【题 A42】用 512×4 的 RAM 扩展组成一个 $2K \times 8$ 位的存储器需要几片 RAM？画出它们的连接图（使用译码器），用图 A.56 所示 RAM 实现。

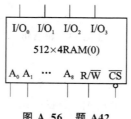

图 A.56 题 A42

知识点：存储器扩展。

解：需要 8 片 RAM，同时做字扩展和位扩展，连接图如图 A.57 所示。

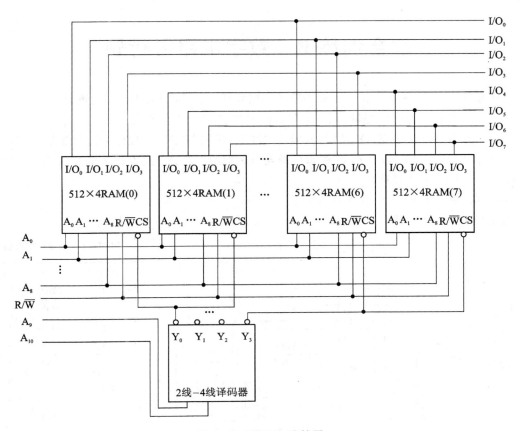

图 A.57　题 A42 连接图

综合训练 B 数字电路分析题

【题 B1】 图 B.1 所示为 3/8 线最小项译码器集成芯片 74LS138 构成的逻辑电路。

(1) 请列出输入为逻辑变量 A、B、C、D，输出为 Y_1、Y_2 的真值表；

(2) 写出当 $A=0$ 时，Y_1、Y_2 的逻辑标准**与或**式，说明 Y_1、Y_2 实现什么运算功能；

(3) 写出当 $A=1$ 时，Y_1、Y_2 的逻辑标准**与或**式，说明 Y_1、Y_2 实现什么运算功能。（北京航空航天大学 2017 年考研题）

知识点： 组合电路分析，最小项译码器。

解：（1）真值表见表 B-1。

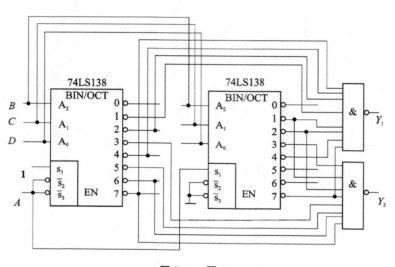

图 B.1 题 B1

表 B-1 题 B1 的真值表

十进制度	ABCD	$Y_1 Y_2$
0	0000	0 0
1	0001	1 0
2	0010	1 0
3	0011	0 1
4	0100	1 0
5	0101	0 1
6	0110	0 1
7	0111	1 1
8	1000	0 0
9	1001	1 1
10	1010	1 1
11	1011	0 1
12	1100	1 0
13	1101	0 0
14	1110	0 0
15	1111	1 1

$$Y_1(ABCD) = \sum m(1,2,4,7,9,10,12,15)$$
$$Y_2(ABCD) = \sum m(3,5,6,7,9,10,11,15)$$

当 $A=0$ 时，$Y_1(BCD) = \sum m(1,2,4,7)$，$Y_2(BCD) = \sum m(3,5,6,7)$，实现全加器的功能（$B+C+D$，$Y_1$ 为和，Y_2 为进位输出）。

当 $A=1$ 时，$Y_1(BCD) = \sum(1,2,4,7)$，$Y_2(BCD) = \sum m(1,2,3,7)$，实现全减器的功能（$B-C-D$，$Y_1$ 为差，Y_2 为借位输出）。

【题 B2】 某地址译码（74LS138 最小项译码器）电路如图 B.2 所示，当输入地址变量 $A_7 \sim A_0$ 的状态分别为什么状态时，$\overline{Y_1}$、$\overline{Y_6}$ 才分别为低电平（被译中）。

知识点： 最小项译码器。

解： 最小项译码器的输出 $\overline{Y_i} = \overline{S_1 \overline{\overline{S_2}} \cdot \overline{\overline{S_3}} \cdot m_i}$（$m_i$ 为 A_2，A_1，A_0 的最小项）。

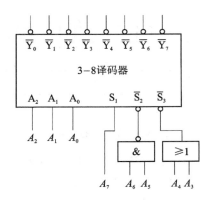

图 B.2 题 B2

图 B.2 中，$S_1=A_7$，$\overline{S_2}=\overline{A_6A_5}$，$\overline{S_3}=A_4+A_3$。

当 $S_1=1$，$\overline{S_2}=\overline{S_3}=0$ 时：$\overline{Y_i}=\overline{m_i}$，$i=0\sim 7$。

当 $A_2A_1A_0=001$ 和 110 时，$\overline{Y_1}$ 和 $\overline{Y_6}$ 分别被选中，即当 $A_7=1$，$A_6=1$，$A_5=1$，$A_4=0$，$A_3=0$ 且 $A_2A_1A_0=001$ 和 110 时，$\overline{Y_1}$ 和 $\overline{Y_6}$ 分别被选中。

所以，当 $A_7A_6A_5A_4A_3A_2A_1A_0=11100001$ 和 11100110 时，$\overline{Y_1}$ 和 $\overline{Y_6}$ 分别被选中。

【题 B3】试写出图 B.3(a)所示电路 Q 的表达式，并画出在图 B.3(b)给定信号的作用下 Q 的波形，设触发器的初态为 **0**。

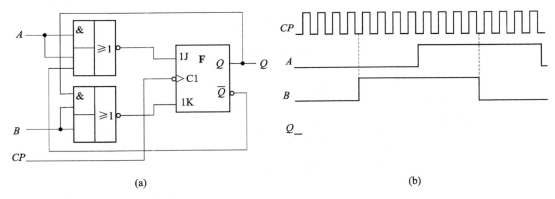

图 B.3 题 B3

知识点：JK 触发器。

解：该电路的状态转换方程为

$$Q^{n+1}=\overline{A}\,\overline{Q^n}+BQ^n \quad (CP\downarrow)$$

根据状态转换方程，在给定信号的作用下 Q 的波形如图 B.4 所示。

【题 B4】图 B.4 所示电路由三个触发器 F_2、F_1、F_0 组成，写出各触发器的驱动方程和触发方程，求各触发器的状态方程，画出时序图和状态转换图，指出该电路能实现什么功能？

知识点：时序电路分析，JK 触发器。

解：图 B.5 所示电路为异步时序电路。驱动方程和触发方程为

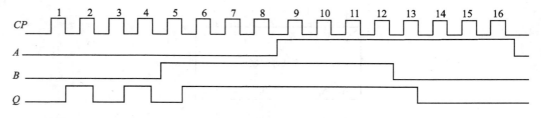

图 B.4 题 B3 的波形图

$$J_0 = \overline{Q}_2^n,\ K_0 = 1\ (CP\downarrow)$$
$$J_1 = K_1 = 1\ (Q_0\downarrow)$$
$$J_2 = Q_1^n Q_0^n,\ K_2 = 1\ (CP\downarrow)$$

状态方程为

$$Q_0^{n+1} = \overline{Q}_2^n \cdot \overline{Q}_0^n \quad (CP\downarrow)$$
$$Q_1^{n+1} = \overline{Q}_1^n \quad (Q_0\downarrow)$$
$$Q_2^{n+1} = Q_0^n Q_1^n \overline{Q}_2^n \quad (CP\downarrow)$$

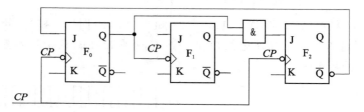

图 B.5 题 B4

状态转换图及时序图如图 B.6 所示。

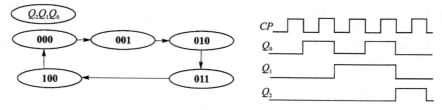

图 B.6 状态转换图及时序图

该电路是异步 5 进制加法计数器。

【题 B5】分析如图 B.7 所示的组合逻辑电路。

(1) 写出输出逻辑表达式,并表示为最小项表达式;
(2) 列出真值表;
(3) 说明逻辑功能。

知识点:组合电路分析。

解:(1) 逻辑表达式为

$$Y_1 = m_3 + m_5 + m_6 + m_7$$
$$Y_2 = m_1 + m_2 + m_4 + m_7$$

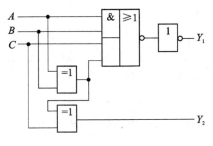

图 B.7

(2) 真值表见表 B-2。

表 B-2　题 B5 的真值表

A	B	C	Y_2	Y_1
0	0	0	0	0
0	0	1	1	0
0	1	0	1	0
0	1	1	0	1
1	0	0	1	0
1	0	1	0	1
1	1	0	0	1
1	1	1	1	1

(3) 电路逻辑功能为 1 位全加器。

【题 B6】由 555 定时器组成的逻辑电平检测装置如图 B.8(a)所示,其中,u_c 调到 2.4 V,试回答以下问题:

(1) 555 定时器接成了什么电路?
(2) 对于如图 B.8(b)所示的输入波形 u_i,画出 u_o 输出波形。
(3) 检测高、低电平后,两个发光二极管如何点亮?

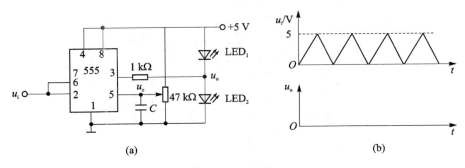

图 B.8　题 B6

知识点:555 定时器。

解:(1) 施密特触发器。

(2) u_o 输出波形见图 B.9。

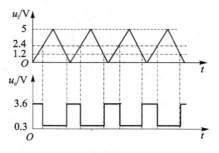

图 B.9 题 B6 的波形图

(3)检测到高电平后,555 定时器输出由高电平变为低电平,LED_1 亮、LED_2 灭;检测到低电平后,定时器输出由低电平变为高电平,LED_1 灭、LED_2 亮。

【题 B7】如图 B.10 所示,由集成 2-5 分频异步加法计数器 74LS290(Q_3 是高位)、集成只读存储器 EPROM2716 和集成 D/A 转换器 7524 组成的电路,请问:

(1)由集成 2-5 分频异步加法计数器 74LS290 组成的是多少进制计数器?

(2)当只读存储器 EPROM2716 中存的是四位全加器的和时,其中 $A_7A_6A_5A_4$ 是全加器的一个加数,$A_3A_2A_1A_0$ 是全加器的另一个加数,$D_3D_2D_1D_0$ 是全加器的和,请给出 A_5 和 A_4 的表达式。集成 D/A 转换器 AD7524 数据端 $D_7D_6D_5D_4$ 接收的是一组什么码?

(3)集成 D/A 转换器 AD7524 输出模拟量的最大值是多少?

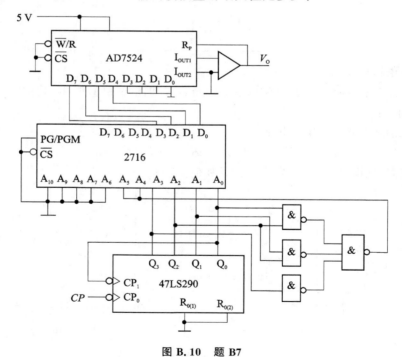

图 B.10 题 B7

知识点:异步计数器,存储器,数/模转换。

解:(1)集成 2-5 分频异步加法计数器 74LS290 组成 8421BCD 码十进制计数器。

(2)当只读存储器 EPROM2716 的地址 $A_7=A_6=0$ 时,A_5 和 A_4 的表达式为

$$A_5 = A_4 = A_3 + A_2 A_1 + A_2 A_0$$

当 74LS290 计数时,只读存储器 EPROM2716 中存的是四位全加器的和,全加器的和 $D_3 D_2 D_1 D_0$ 见表 B-3。

表 B-3 题 B7 的真值表

A_3	A_2	A_1	A_0	A_4	D_3	D_2	D_1	D_0
0	0	0	0	0	0	0	0	0
0	0	0	1	0	0	0	0	1
0	0	1	0	0	0	0	1	0
0	0	1	1	0	0	0	1	1
0	1	0	0	0	0	1	0	0
0	1	0	1	1	1	0	0	0
0	1	1	0	1	1	0	0	1
0	1	1	1	1	1	0	1	0
1	0	0	0	1	1	0	1	1
1	0	0	1	1	1	1	0	0

所以,集成 D/A 转换器 AD7524 数据端 $D_7 D_6 D_5 D_4$ 接收的是一组 BCD5421 码。

(3) 集成 D/A 转换器 7524 输出模拟量的最大值(绝对值)为

$$V_{omax} = \frac{5 \times (8+4)}{16} = 3.75 \text{ V}$$

【题 B8】 图 B.11 所示电路由三个触发器 F_2、F_1、F_0 组成,请写出各触发器的驱动方程,求各触发器的状态方程,画出状态转换图,指出该电路能实现什么功能?

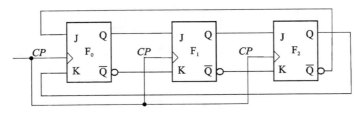

图 B.11 题 B8

知识点:时序电路分析,JK 触发器。

解:图 B.11 所示电路为同步时序电路。各触发器的驱动方程为

$$J_0 = \overline{Q_2^n}, K_0 = Q_2^n; \qquad J_1 = Q_0^n, K_1 = \overline{Q_0^n}; \qquad J_2 = Q_1^n, K_2 = \overline{Q_1^n}$$

各触发器的状态方程为

$$Q_0^{n+1} = \overline{Q_2^n}; \qquad Q_1^{n+1} = Q_0^n; \qquad Q_2^{n+1} = Q_1^n \overline{Q_2^n} + Q_1^n Q_2^n = Q_1^n$$

状态转换图如图 B.12 所示。

该电路是六进制计数器。

【题 B9】(2015,北京航空航天大学考研题)电路如图 B.13 所示,由集成 16 进制计数器 74LS161(Q_D 是高位)和集成四选一数据选择器 74LS153 设计一个时序电路,计数器 74LS161 实现的是多少进制?当开关 S_0 闭合、S_1 断开时,在时钟 CP 作用下,画出输出 Y 的波形。

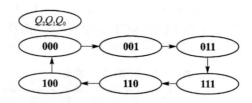

图 B.12 题 B8 状态转换图

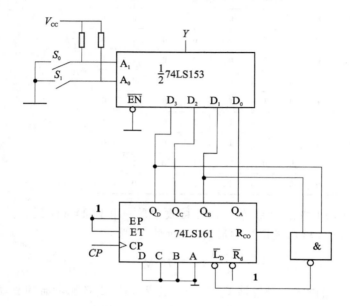

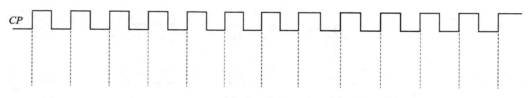

图 B.13 题 B9

知识点：计数器，数据选择器。

解：74LS161 实现了 11 进制加法计数器，$Q_D Q_C Q_B Q_A$ 在 0000~1010 之间循环计数。

当开关 S_0 闭合、S_1 断开时，数据选择器 74LS153 的输出 $Y = D_1 = Q_B$，其波形如图 B.14 所示。

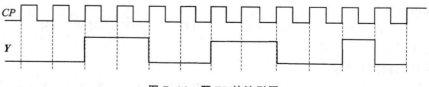

图 B.14 题 B9 的波形图

【题 B10】（2015，北京航空航天大学考研题）图 B.15 所示电路为一个非接触式转速表的逻辑框图，由 A~H 八部分组成。转动体每转动一圈传感器发出一个信号。

(1) 根据图中输入输出波形图，说明 B 框图中应为何种电路？
(2) 试用集成定时器设计 C 框图中的电路。
(3) 若已知测速范围为 0~999，E 框图中的计数进制是多少？试用 74LS160 设计之。
(4) G 框图中需要几个集成器件？
(5) 若采用 74LS47，H 框图中应为共阴极还是共阳极显示器？当译码器输入代码为 0110 时，显示的字形为何？

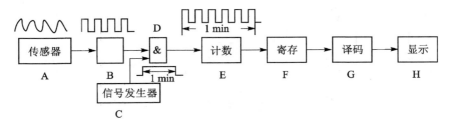

图 B.15　题 B10

知识点：555 定时器，计数器，显示译码器，七段码显示器。

解：(1) 波形整形电路，可以是施密特触发器。

(2) 用集成定时器 555 设计，电路如图 B.16(a) 所示。由于 $T_1=1$ min，$T_1=0.7\times(R_A+R_B)C=1$ min，可选：$R_A=30$ kΩ，$R_B=60$ kΩ，$C=1$ mF。

(3) 1000 进制计数，用集成计数器 74LS160 实现，电路如图 B.16(b) 所示。

(4) 四个集成显示译码器，比如 74LS47，74LS48。

(5) 用 74LS47，显示器接共阳极；显示 6。

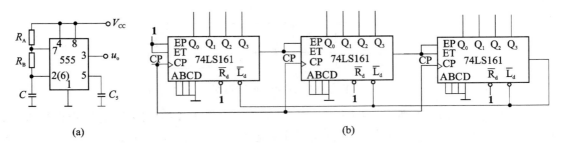

图 B.16　题 B10 的解

【题 B11】(2014，北京航空航天大学考研题) 如图 B.17 所示，由边沿 D 触发器和 2 线-4 线译码器 74LS139 构成一个 4 位顺序灯控电路，试分析由两个 D 触发器构成的时序电路实现什么功能？画出对应 CP 时钟脉冲波形的 Q_1、Q_0、Y_3、Y_2、Y_1、Y_0 波形。设 D 触发器的初态为 **0**。

知识点：时序电路分析，D 触发器。

解：两个 D 触发器接成的异步时序电路中，Q_0 对 CP 二分频，Q_1 对 Q_0 二分频，即 Q_1 对 CP 四分频，其波形如图 B.18 所示。可以看出，Q_1Q_0 也可构成四进制减 1 计数器，为 11、10、01、00，从而使 $\overline{Y_3}$、$\overline{Y_2}$、$\overline{Y_1}$、$\overline{Y_0}$ 循环输出低电平，从而使图 B.17 中的 4 个发光二极管从右到左循环亮。

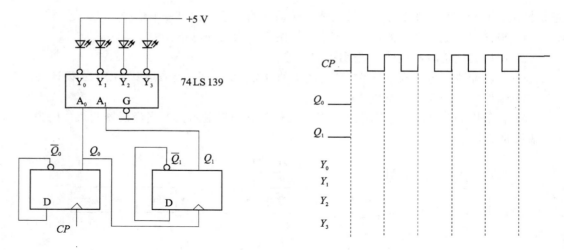

图 B.17　题 B11

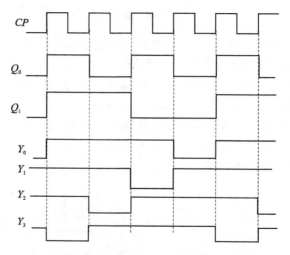

图 B.18　题 B11 的波形图

【题 B12】 如图 B.19 所示,在集成 4 位全加器 74LS283 组成的电路中,分别指出当 $X=1$ 和 $X=0$ 时,输出 S 与输入 A 和 B 之间实现什么运算？并列出运算关系。

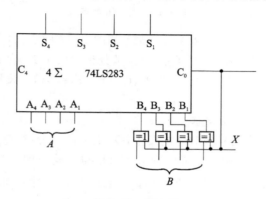

图 B.19　题 B12

知识点：组合电路分析，集成四位加法器。

解：运算关系为 $S=A+(B\oplus X)+X$。

当 $X=0$ 时，$S=A+B$，实现加法运算。

当 $X=1$ 时，$S=A+\overline{B}+1=[A-B]_{\text{补}}$，实现减法运算。

【题 B13】 电路如图 B.20(a)所示，假设初始状态 $Q_2Q_1Q_0=000$。

(1) 写出各触发器的激励方程和状态方程；

(2) 列出状态转换表，画出完整的状态转换图和 CP 作用下的波形图。

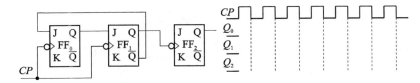

图 B.20 题 B13

知识点：异步时序电路分析，JK 触发器。

解：该电路是异步时序电路。

(1) 各触发器的激励方程和驱动方程为

$$J_0=\overline{Q_1^n},\ K_0=1(CP\downarrow)$$
$$J_1=Q_0^n,\ K_1=1(CP\downarrow)$$
$$J_2=1,\ K_2=1(Q_1^n\downarrow)$$

各触发器的状态方程为

$$Q_0^{n+1}=\overline{Q_1^n}\,\overline{Q_0^n}(CP\downarrow);$$
$$Q_1^{n+1}=Q_0^n\overline{Q_1^n}(CP\downarrow);$$
$$Q_2^{n+1}=\overline{Q_2^n}(Q_1^n\downarrow)$$

(2) 状态转换表见表 B-4。

表 B-4 题 B13 的状态转换表

Q_2^n	Q_1^n	Q_0^n	Q_2^{n+1}	Q_1^{n+1}	Q_0^{n+1}
0	0	0	0	0	1
0	0	1	0	1	0
0	1	0	1	0	0
0	1	1	1	0	0
1	0	0	1	0	1
1	0	1	1	1	0
1	1	0	0	0	0
1	1	1	0	0	0

状态转换图和 CP 作用下 Q 的波形图如图 B.21 所示。

【题 B14】 (2016，北京航空航天大学考研题) 电路如图 B.22 所示，由集成十六进制计数器 74LS161(Q_D 是高位) 和集成四位二进制数值比较器 CC14585 构成了一个时序电路，试分析计数器

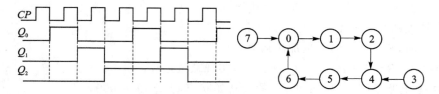

图 B.21 题 B13 的状态转换图和波形图

74LS161 实现的是多少进制？

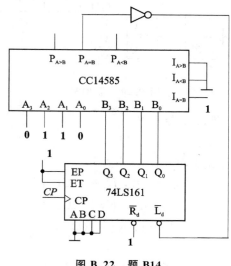

图 B.22 题 B14

知识点：计数器，数据比较器。

解：计数器 74LS161 实现七进制加法计数器。

计数器 74LS161 从 0000 开始加 1 计数，当计数到 0110 时，比较器 CC14585 的 $P_A=B$ 引脚输出高电平，反相后使 74LS161 的置数端 $\overline{LD}=0$ 有效，在下个 CP 上升沿使 $Q_3Q_2Q_1Q_0$ 置 0000，回到初态。

【**题 B15**】已知电路原理图如图 B.23(a)所示，CP_1、CP_2 的波形如图 B.23(b)所示，设触发器的初始状态均为 **0**，请画出输出端 B 和 C 的波形。

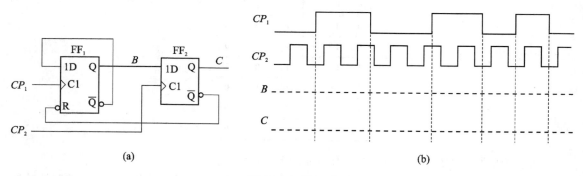

图 B.23 题 B15

知识点：异步时序电路分析，D 触发器。

解：B、C 的方程为

$$B = Q_1^{n+1} = D_1 = \overline{Q_1^n} \quad (CP_1 \uparrow)$$

$$C = Q_2^{n+1} = D_2 = Q_1^n \quad (CP_2 \downarrow)$$

且 $\overline{Q_2}$ 作为触发器 FF_1 的异步清零信号，即 $Q_2 = 1$ 时 $B = Q_1 = 0$。输出端 B 和 C 的波形如图 B.24 所示。

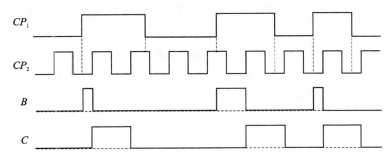

图 B.24　题 B15 的波形图

【**题 B16**】图 B.25 所示为一个可变进制计数器。其中，74LS138 为 3 线-8 线译码器，当 $S_1 = 1$ 且 $\overline{S_2} = \overline{S_3} = 0$ 时，进行译码操作，即当 $A_2 A_1 A_0$ 从 000 到 111 变化时，$\overline{Y_0} \sim \overline{Y_7}$ 依次被选中而输出低电平。T1153 为四选一数据选择器。

(1) 当 MN 为 00 时，由集成 74LS290 构成的计数器是几进制？此时显示数码管 BS201A 显示的最大数字是什么？

(2) 当 MN 为 10 时，由集成 74LS290 构成计数器是几进制？

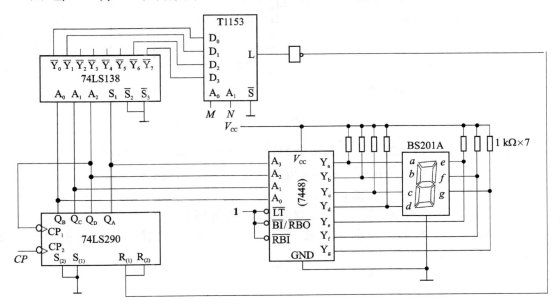

图 B.25　题 B16

知识点：异步计数器，显示译码器，七段码显示器，最小项译码器，数据选择器。

解：(1) $MN=00$ 时，数据选择器输出 $L=D_0=\overline{Y}_0$，经反相器后接至 74LS290 的异步清零端；而且最小项译码器 74LS138 的使能信号 $S_1=Q_A$，选择输入端与 74LS290 的 $Q_D Q_C Q_B$ 连接。在触发信号作用下，异步计数器 74LS290 的 $Q_A Q_D Q_C Q_B$ 依次输出 0000、0001、0010、0011、0100，然后是 1000。此时 74LS138 的 $\overline{Y}_0$ 输出低电平，74LS290 异步清零有效，回到 0000，故 74LS290 实现五进制计数器。显示数码管 BS201A 显示 74LS290 的计数值，显示最大数字为 4。

(2) $MN=10$ 时，数据选择器输出 $L=D_1=\overline{Y}_1$，74LS290 的 $Q_A Q_D Q_C Q_B$ 依次输出 0000、0001、0010、0011、0100、1000，然后是 1001，此时 74LS138 的 $\overline{Y}_1$ 输出低电平，74LS290 异步清零有效，回到 0000，故 74LS290 实现六进制计数器（显示最大数字为 8）。

【题 B17】分析图 B.26(a) 所示双四选一数据选择器构成的组合电路所实现的逻辑功能，并用图 B.26(b) 所示的 74LS138 译码器重新实现之。要求：

(1) 列出真值表，写出 Y_1、Y_2 的表达式；
(2) 说明电路功能；
(3) 在图 B.26(b) 上直接画出逻辑电路图。

知识点：组合电路分析，数据选择器，组合电路设计，最小项译码器。

解：(1) 根据双四选一数据选择器的功能，写出真值表见表 B-5。

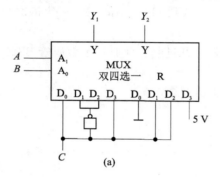
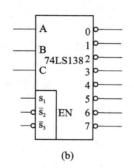

图 B.26　题 B17

表 B-5　题 B17 真值表

$A\ B$	$Y_1\ Y_2$
0　0	C　0
0　1	$\overline{C}$　C
1　0	$\overline{C}$　C
1　1	C　1

逻辑表达式为

$$Y_1=\overline{A}\cdot\overline{B}C+\overline{A}B\overline{C}+A\overline{B}\cdot\overline{C}+ABC=\sum m(1,2,4,7)$$
$$Y_2=\overline{A}BC+A\overline{B}C+AB\overline{C}+ABC=\sum m(3,5,6,7)$$

(2) 该电路实现了一位全加器的功能。

(3) 用 74LS138 译码器实现一位全加器的逻辑电路如图 B.27 所示。

【题 B18】试分析图 B.28 所示电路，其中 74LS138 为 3 线-8 线译码器。74LS153 为双四选一数据选择器，试问：

(1) 当 $MN=10$ 时是几进制？
(2) 列出状态转换表。

知识点：时序电路分析，最小项译码器，数据选择器。

解：(1) 当 $MN=10$ 时，是十五进制计数器。

当 $MN=10$ 时，74LS153 的输出 $Y=D_2$，接 74LS138 的输出 $\overline{Y}_6$。

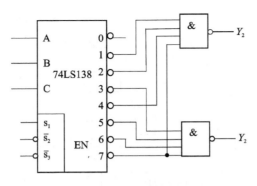

图 B.27 题 B17 逻辑电路

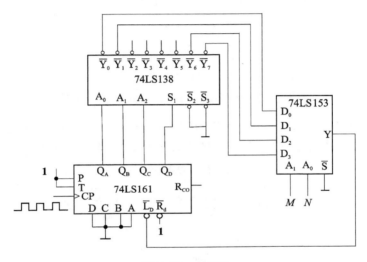

图 B.28 题 B18

当 74LS161 的 $Q_D Q_C Q_B Q_A$ 输出为 1110 时，74LS138 的输出 $\overline{Y_6}=0$，74LS153 的输出 $Y=0$，产生当 74LS161 的置数 $\overline{LD}=0$ 有效信号。所以计数器 74LS161 实现了 0000~1110 加法计数，是十五进制计数器。

(2) $Q_D Q_C Q_B Q_A$ 的状态转换图如图 B.29 所示。

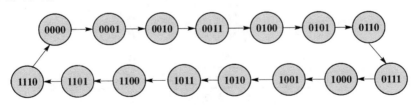

图 B.29 题 B18 状态转换图

【题 B19】交叉路口的红、黄、绿三色交通信号灯控制电路如图 B.30 所示，红灯亮时禁止通行，绿灯亮时允许通行，黄灯亮则给行驶中的车辆留出时间停靠在禁行线之后。设时钟 CP 周期为 4 s，请列出由 6 个边沿 D 触发器构成的时序电路 $Q_1 Q_2 Q_3 Q_4 Q_5 Q_6$ 的状态转换表；求出在这个时序电路的一个循环周期内红、黄、绿三色灯的点亮时间？

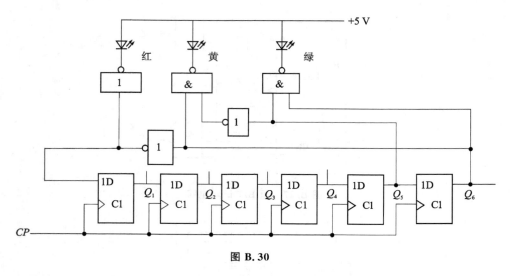

图 B.30

知识点：时序电路分析，D 触发器（构成移位寄存器）。

解：6 个边沿 D 触发器构成移位寄存器。当 $Y_红 = \overline{\overline{Q_6}} = Q_6 = 0$ 时，红灯亮；当 $Y_绿 = \overline{Q_6 Q_5} = 0$ 即 $Q_6 = Q_5 = 1$ 时，绿灯亮；当 $Y_黄 = \overline{\overline{Q_5 Q_6}} = \overline{Q_6} + Q_5 = 0$ 即 $Q_6 = 1$，$Q_5 = 0$ 时，黄灯亮。

D 触发器状态转换表见表 B-6，一个循环周期 48 s，红灯亮 24 s，绿灯亮 20 s，黄灯亮 4 s。

表 B-6 D 触发器状态转换表

CP	$Q_1 Q_2 Q_3 Q_4$	$Q_5 Q_6$
0	0000	00
1	1000	00
2	1100	00
3	1110	00
4	1111	00
5	1111	10
以上红灯亮 $\overline{Q_6}$		24 s
6	1111	11
7	0111	11
8	0011	11
9	0001	11
10	0000	11
以上绿灯亮 $Q_5 Q_6$		20 s
11	0000	01
黄灯亮 $\overline{Q_5 Q_6}$		4 s

【题 B20】 图 B.31(a) 所示为由 555 定时器和 2 个 D 触发器构成的电路，请问：

(1) 555 定时器构成的是什么电路？

(2) 在图 B.31(b) 中画出 U_c，U_{o1}，U_{o2} 的波形；

(3) 计算 U_{o1}、U_{o2} 的频率和占空比；

(4) 说明电路的功能；

(5) 如果在 555 定时器的第 5 引脚接入 4V 的电压源，则 U_{o1}、U_{o2} 的频率将变为多少？

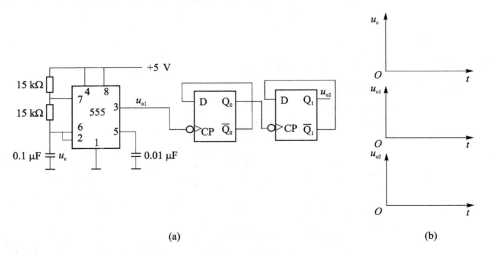

图 B.31　题 B20

知识点：异步时序电路分析，555 定时器，D 触发器。

解：(1) 555 定时器构成多谐振荡器。

(2) U_c、U_{o1}、U_{o2} 的波形如图 B.32 所示。

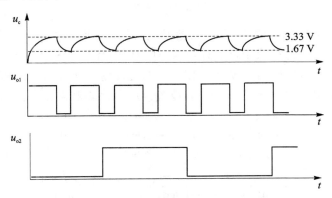

图 B.32　题 B20 波形图

(3) u_{o1} 的周期 $T_1 \approx 0.7 \times 3 \times 15 \text{ k}\Omega \times 0.1 \text{ μF} = 3.15 \text{ ms}$，频率 $f_1 = \dfrac{1}{T_1} = 317 \text{ Hz}$，占空比 $D_1 = \dfrac{0.7 \times 2 \times 15 \text{ k}\Omega \times 0.1 \text{ μF}}{0.7 \times 3 \times 15 \text{ k}\Omega \times 0.1 \text{ μF}} \times 100\% = 67\%$。

u_{o2} 是对 u_{o1} 进行 4 分频，周期 $T_2 = 4T_1 = 12.6 \text{ ms}$，频率 $f_2 = \dfrac{1}{T_2} \approx 79 \text{ Hz}$，占空比 $D_2 = \dfrac{2T_1}{4T_1} \times 100\% = 50\%$。

(4) 电路功能：555 定时器构成多谐振荡器，提供 D 触发器构成 4 分频电路，产生理想的方波信号。

(5) 如果在 555 定时器的第 5 引脚接入 4 V 的电压源,则 u_{o1} 的周期变为 $T'_1 \approx 1.1 \times 2 \times 15\ \text{k}\Omega \times 0.1\ \mu\text{F} + 0.7 \times 15\ \text{k}\Omega \times 0.1\ \mu\text{F} = 4.35\ \text{ms}$,频率变为 $f'_1 = \dfrac{1}{T'_1} = 230\ \text{Hz}$;$u_{o2}$ 的频率为 $f'_2 = \dfrac{f'_1}{4} = 57.5\ \text{Hz}$。

【题 B21】分析图 B.33 所示的时序系统,问:
(1) 74LS161 芯片的作用;
(2) 74LS195 芯片的逻辑状态图(74LS195 的初始状态为 **0000**);
(3) 七段显示器循环显示的内容(D 为高位)。

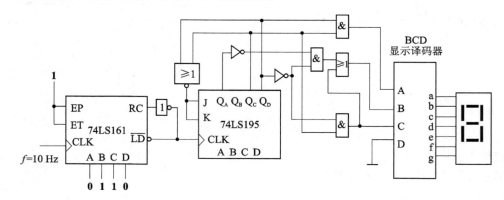

图 B.33　题 B21

知识点:时序电路分析,计数器,移位寄存器,显示译码器,七段码显示器。

解:(1) 74LS161 芯片构成十进制计数器,计数值循环为 $6 \to 7 \to 8 \to \cdots\cdots \to 14 \to 15 (\to 6)$,用作分频器,其进位输出经反相器接至 74LS195 的触发输入(时钟输入),使其时钟为 1 Hz。

(2) 74LS195 芯片为移位寄存器,其 $Q_A Q_B Q_C Q_D$ 的逻辑状态图如图 B.34 所示。

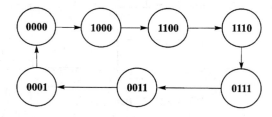

图 B.34　题 B21 的逻辑状态图

(3) 七段显示译码器的输入的逻辑关系为
$$A = Q_C Q_D;\ B = \overline{Q_A}\,\overline{Q_D} + \overline{Q_D} Q_C;\ C = \overline{Q_D} Q_C;\ D = 0$$

所以,当 74LS195 按图 B.34 状态循环时,七段显示译码器的输入端循环为 **0010**、**0000**、**0000**、**0110**、**0001**、**0001**、**0000**,七段显示器循环显示的内容为 2006110。

【题 B22】(2017,北京航空航天大学考研题) 电路如图 B.35 所示,由集成 2-5 分频异步加法计数器 74LS290(Q_3 是高位) 和集成八选一数据选择器 74LS151 构成一个时序电路,时钟 $CP = CP_1$。试分析计数器 74LS290 实现多少进制计数?画出对应时钟 CP 的输出 Y 的波形图。$Q_3Q_2Q_1Q_0$ 初始值为 **0000**。

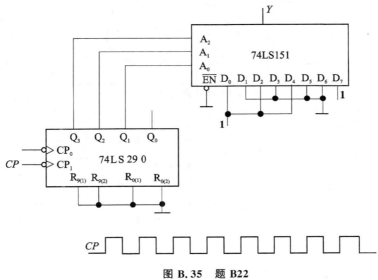

图 B.35　题 B22

知识点：时序电路分析，异步计数器，数据选择器。

解：计数器 74LS290 实现五进制计数器。

Y 循环输出 10101，波形如图 B.36 所示。

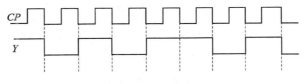

图 B.36　题 B22 的波形图

【**题 B23**】采用脉冲触发的主从 JK 触发器和容量为 16×8 的 PROM 组成时序逻辑电路，如图 B.37(a)所示。

(1) 求电路的驱动方程、状态方程，绘制状态转换图；

(2) 设 $Q_3Q_2Q_1Q_0=\mathbf{0000}$ 为状态 S_0，经过状态 S_1，S_2，…，S_{n-1}，循环回到 S_0；通过 $Y_3Y_2Y_1Y_0$ 对应输出各状态序号的自然二进制编码，如图 B.37(b)所示。请在图 B.37(a)中用 PROM 实现该并行输出功能。

知识点：时序电路分析，存储器，组合电路设计(用 ROM 实现组合逻辑电路)。

解：JK 触发器的驱动方程为

$$J_3=\sum m(4,8,9,10,11,12),\ K_3=\overline{J_3}$$

$$J_2=\sum m(0,4,10,14),\ K_2=\overline{J_2}$$

$$J_1=\sum m(2,6,9,10,11,14),\ K_1=\overline{J_1}$$

$$J_0=\sum m(2,3,8,9),\ K_0=\overline{J_0}$$

相当于 D 触发器。

状态方程为

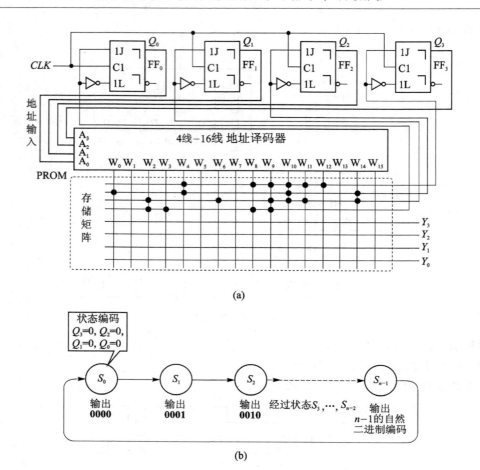

图 B.37 题 B23

$Q_3^{n+1}=J_3\overline{Q}_3+\overline{J}_3Q_3=J_3=\overline{Q}_3Q_2\overline{Q}_1\cdot\overline{Q}_0+Q_3\overline{Q}_2\cdot\overline{Q}_1\cdot\overline{Q}_0+Q_3\overline{Q}_2\cdot\overline{Q}_1Q_0+Q_3\overline{Q}_2Q_1\overline{Q}_0$
$+Q_3\overline{Q}_2Q_1Q_0+Q_3Q_2\overline{Q}_1\cdot\overline{Q}_0$

$Q_2^{n+1}=J_2=\overline{Q}_3\cdot\overline{Q}_2\cdot\overline{Q}_1\cdot\overline{Q}_0+\overline{Q}_3Q_2\overline{Q}_1\cdot\overline{Q}_0+Q_3\overline{Q}_2Q_1\overline{Q}_0+Q_3Q_2Q_1\overline{Q}_0$

$Q_1^{n+1}=J_1=\overline{Q}_3\cdot\overline{Q}_2Q_1\overline{Q}_0+\overline{Q}_3Q_2Q_1\overline{Q}_0+Q_3\overline{Q}_2\cdot\overline{Q}_1Q_0+Q_3\overline{Q}_2Q_1\overline{Q}_0+Q_3\overline{Q}_2Q_1Q_0+Q_3Q_2Q_1\overline{Q}_0$

$Q_0^{n+1}=J_0=\overline{Q}_3\cdot\overline{Q}_2Q_1\overline{Q}_0+\overline{Q}_3\cdot\overline{Q}_2Q_1Q_0+Q_3\overline{Q}_2\cdot\overline{Q}_1\cdot\overline{Q}_0+Q_3\overline{Q}_2\cdot\overline{Q}_1Q_0$

状态转换表见表 B-7。

表 B-7 题 B23 状态转换表

Q_3^n	Q_2^n	Q_1^n	Q_0^n	Q_3^{n+1}	Q_2^{n+1}	Q_1^{n+1}	Q_0^{n+1}
0	0	0	0	0	1	0	0
0	0	0	1	0	0	0	0
0	0	1	0	0	0	1	1

续表 B-7

Q_3^n	Q_2^n	Q_1^n	Q_0^n	Q_3^{n+1}	Q_2^{n+1}	Q_1^{n+1}	Q_0^{n+1}
0	0	1	1	0	0	0	1
0	1	0	0	1	1	0	0
0	1	0	1	0	0	0	0
0	1	1	0	0	0	1	0
0	1	1	1	0	0	0	0
1	0	0	0	1	0	0	1
1	0	0	1	1	0	1	1
1	0	1	0	1	1	1	0
1	0	1	1	1	0	1	0
1	1	0	0	1	0	0	0
1	1	0	1	0	0	0	0
1	1	1	0	0	1	1	0
1	1	1	1	0	0	0	0

状态转换图如图 B.38 所示。

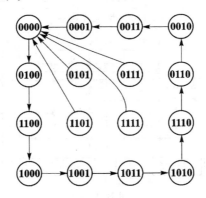

图 B.38　题 B23 状态转换图

（2）图 B.38 中有 12 种状态，根据题目要求在 $Q_3Q_2Q_1Q_0$ 状态变换时，通过 $Y_3Y_2Y_1Y_0$ 对应输出各状态序号的自然二进制编码 **0000～1011**。对照状态图，可知译码对应关系如表 B-8 所列。

表 B-8　译码对应关系

状态排序	并行输出				状态译码所选通的字线	提示
	Y_3	Y_2	Y_1	Y_0		
S_0	0	0	0	0	W_0	对 W_0 字线编程
S_1	0	0	0	1	W_4	对 W_4 字线编程
S_2	0	0	1	0	W_{12}	对 W_{12} 字线编程
S_3	0	0	1	1	W_8	对 W_8 字线编程
S_4	0	1	0	0	W_9	对 W_9 字线编程

续表 B-8

状态排序	并行输出			状态译码所选通的字线	提示
	Y_3	Y_2	Y_1	Y_0		
S_5	0	1	0	1	W_{11}	对 W_{11} 字线编程
S_6	0	1	1	0	W_{10}	对 W_{10} 字线编程
S_7	0	1	1	1	W_{14}	对 W_{14} 字线编程
S_8	1	0	0	0	W_6	对 W_6 字线编程
S_9	1	0	0	1	W_2	对 W_2 字线编程
S_{10}	1	0	1	0	W_3	对 W_3 字线编程
S_{11}	1	0	1	1	W_1	对 W_1 字线编程

用 PROM 编程如图 B.39 所示。

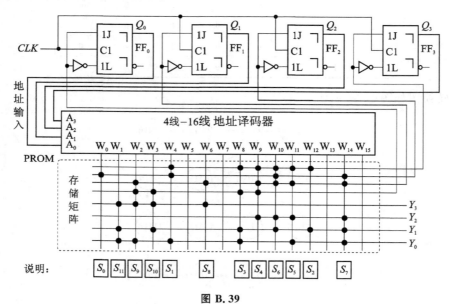

图 B.39

【题 B24】由移位寄存器 74LS194 和 3-8 译码器组成的时序电路如图 B.40 所示。

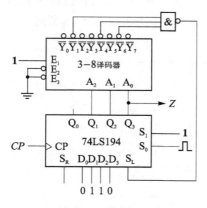

图 B.40　题 B24

表 B-9　74194(双向移位寄存器)的功能表

CP	C_r	S_1	S_0	S_R	S_L	Q_A	Q_B	Q_C	Q_D
×	0	×	×	×	×	0	0	0	0
×	1	0	0	×	×	保		持	
↑	1	0	1	×	×	×	Q_A	Q_B	Q_C
↑	1	1	0	×	×	Q_B	Q_C	Q_D	×
↑	1	1	1	×	×	A	B	C	D

(1) 画出 74LS194 的状态转换图；
(2) 说出 Z 的输出序列。

知识点：时序电路分析，移位寄存器，最小项译码器。

解：74LS194 的 $Q_1Q_2Q_3$ 状态图如图 B.41 所示。

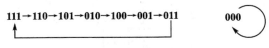

图 B.41 题 B24 的状态图

Z 循环输出序列 010011。

【题 B25】由四位加法器 74LS283、四位比较器 74LS85 构成的逻辑电路如图 B.42 所示，$A=A_3A_2A_1A_0$、$B=B_3B_2B_1B_0$ 为四位二进制数，试分析该电路的逻辑功能。

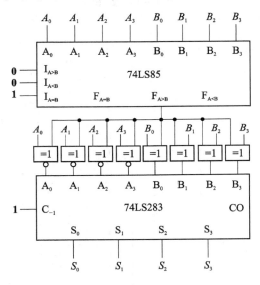

图 B.42 题 B25

知识点：组合电路分析，集成四位加法器，数据比较器。

解：$A>B$ 时，$S=A+[B]_\text{反}+1=A-B$。

$A<B$ 时，$S=B+[A]_\text{反}+1=B-A$。

【题 B26】图 B.43 所示电路中，A、B 是输入数据变量，C_3、C_2、C_1、C_0 是控制变量。写出输出 Y 的逻辑表达式，并说明该电路 C_3、C_2、C_1、C_0 为不同控制状态时是何种功能电路？

知识点：组合电路分析。

解：Y 的逻辑表达式为

$$Y=\overline{\overline{C_3BA+C_2\overline{B}A}\oplus\overline{C_1\overline{B}+C_0B+A}}$$

当 C_3、C_2、C_1、C_0 为不同控制状态时，输出 Y 与输入 A、B 之间的关系见表 B-10。

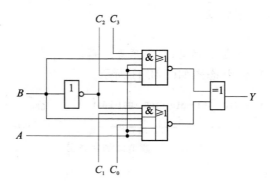

图 B.43　题 B26

表 B-10　题 B26

C_3	C_2	C_1	C_0	Y
0	0	0	0	A
0	0	0	1	$A+B$
0	0	1	0	$A+\overline{B}$
0	0	1	1	1
0	1	0	0	AB
0	1	0	1	B
0	1	1	0	$A \odot B$
0	1	1	1	$\overline{A}+B$
1	0	0	0	$A \oplus B$
1	0	0	1	$A\overline{B}$
1	0	1	0	$\overline{B}$
1	0	1	1	$\overline{AB}$
1	1	0	0	0
1	1	0	1	$\overline{AB}$
1	1	1	0	$\overline{A} \cdot B$
1	1	1	1	$\overline{A}$

【题 B27】 图 B.44 所示为序列信号发生器电路。它由一个计数器和一个四选一数据选择器构成。请分析计数器的工作原理，确定其模值和状态转换关系；确定在计数器输出控制下，数据选择器的输出序列。设触发器初始状态为 **000**。

知识点：时序电路分析，JK 触发器，数据选择器。

解：同步计数器输入方程（驱动方程）为

$$J_1=1;\ J_2=\overline{Q}_3Q_1;\ J_3=Q_2Q_1$$
$$K_1=1;\ K_2=Q_1;\ K_3=Q_1$$

状态方程为

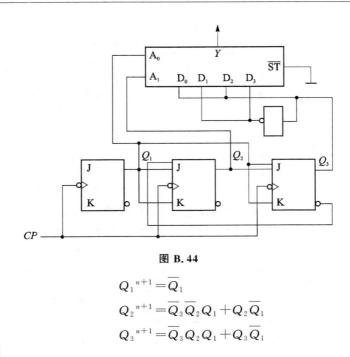

图 B.44

$$Q_1^{n+1} = \overline{Q}_1$$
$$Q_2^{n+1} = \overline{Q}_3\overline{Q}_2Q_1 + Q_2\overline{Q}_1$$
$$Q_3^{n+1} = \overline{Q}_3Q_2Q_1 + Q_3\overline{Q}_1$$

输出方程为

$$Y = \overline{Q}_3Q_2Q_1 + Q_3Q_2\overline{Q}_1 + \overline{Q}_3\overline{Q}_2Q_1 + Q_3\overline{Q}_2\overline{Q}_1$$

状态转换图如图 B.45 所示。

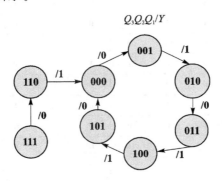

图 B.45 题 B27 状态转换图

计数器的模值为 6(六进制加 1 计数器),状态转换关系如图 B.45 所示;在计数器输出控制下,数据选择器的输出序列为 **010110**。

【题 B28】请综合分析图 B.46 所示电路。其中,芯片 74160 为同步十进制加法计数器,其功能特性见表 B-11;PROM 的 16 个地址单元中的数据在表 B-12 中列出,设初始时刻计数器状态为 **0000**,要求:

(1) 说明 555 定时器构成的电路类型;

(2) 说明在图 B.46 中,芯片 74160 被配置为多少进制的计数器;

(3) 芯片 CB7520 为 10 位 D/A 转换器,输出表达式为:$V_o = -\dfrac{V_{REF}}{2^{10}}\sum\limits_{i=0}^{9} d_i \times 2^i$,请画出 D/A 转换器输出电压 V_o 的波形图。

表 B - 11

时钟	清零	预置	使能		工作模式
CLK	$\overline{R_D}$	$\overline{LD}$	EP	ET	
×	0	×	×	×	异步清零
↑	1	0	×	×	同步预置数
×	1	1	0	1	保持
×	1	1	×	0	保持(但 C=0)
↑	1	1	1	1	加法计数

表 B - 12 PROM 的 16 个地址单元中的数据

地址输入				数据输出			
A_3	A_2	A_1	A_0	O_3	O_2	O_1	O_0
0	0	0	0	0	0	0	0
0	0	0	1	0	0	0	1
0	0	1	0	0	0	1	0
0	0	1	1	0	1	0	0
0	1	0	0	0	1	1	1
0	1	0	1	0	1	0	0
0	1	1	0	0	0	1	0
0	1	1	1	0	0	0	1
1	0	0	0	0	0	0	0
1	0	0	1	1	1	0	0
1	0	1	0	0	0	0	1
1	0	1	1	0	0	1	0
1	1	0	0	0	0	0	1
1	1	0	1	0	1	0	0
1	1	1	0	0	1	1	1
1	1	1	1	0	0	0	0

知识点：时序电路分析,555 定时器,计数器,存储器,数/模转换器。

解：(1) 555 定时器构成多谐振荡器电路,输出周期性脉冲信号,作为计数器 74160 的时钟输入。

(2) 图 B.47 中芯片 74160 构成 9 进制加 1 计数器,计数器从 0,1,…,8 循环计数。

(3) 计数器 74160 从 0 到 8 循环计数,选择 PROM 中地址为 0~8 中的数据送至 D/A 转换器 CB7520 的高 4 位,进行 D/A 转换,在 V_o 端输出波形如图 B.47 所示。

综合训练 B 数字电路分析题

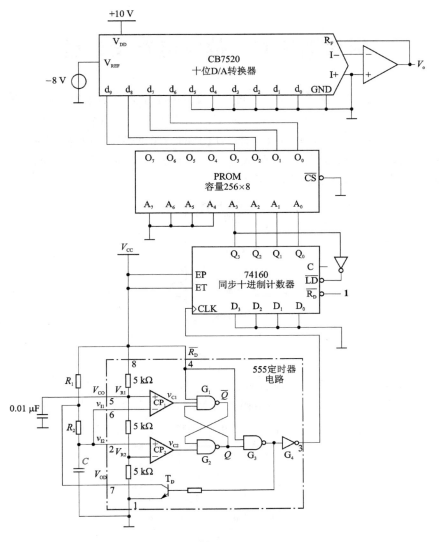

图 B.46

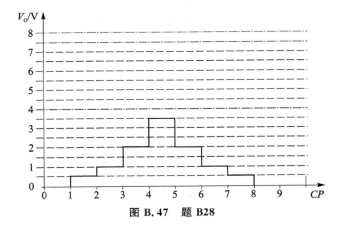

图 B.47 题 B28

综合训练 C 数字电路设计题

【题 C1】（2015，北京航空航天大学考研题）设计一个组合逻辑电路,该电路要有三个输入逻辑变量 A、B、C 和一个工作状态控制变量 M。当 $M=0$ 时,电路的功能是 A、B、C 状态一致则电路输出为 **1**,否则输出为 **0**；当 $M=1$ 时,电路的功能是多数表决器,即输出与 A、B、C 中多数的状态一致输出为 **1**。求输出 Y 的表达式,并用图 C.1 所示的最小项译码器集成芯片 74LS138 附加适当的门电路实现该电路。

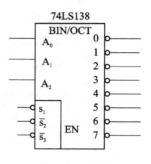

图 C.1 题 C1

知识点：组合电路设计,最小项译码器。

解：设输入变量为 M、B、C、A,输出函数为 Y,真值表见表 C-1。

表 C-1 题 C1 的真值表

十进制数	M	C	B	A	Y
0	0	0	0	0	1
1	0	0	0	1	0
2	0	0	1	0	0
3	0	0	1	1	0
4	0	1	0	0	0
5	0	1	0	1	0
6	0	1	1	0	0
7	0	1	1	1	1
8	1	0	0	0	0
9	1	0	0	1	0
10	1	0	1	0	0
11	1	0	1	1	1
12	1	1	0	0	0
13	1	1	0	1	1
14	1	1	1	0	1
15	1	1	1	1	1

用 74LS138 实现该电路,可直接写出 Y 的最小项表达式为
$$Y = m_0 + m_7 + m_{11} + m_{13} + m_{14} + m_{15}$$
该电路有 4 个输入,先将 74LS138 级联扩展 4 线－16 线最小项译码器,再加与非门实现该逻辑电路,如图 C.2 所示。

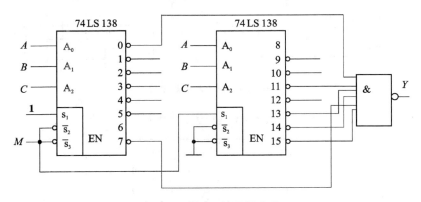

图 C.2 题 C1 的逻辑电路

【题 C2】(2019,北京航空航天大学考研题)用图 C.3 所示的 8 选 1 数据选择器 74LS151 (A_2 是高位)和**与非门**,设计一个电路实现表 C-2 所示功能。(要求给出完整的设计过程)

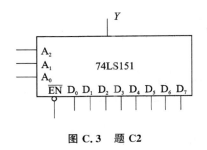

图 C.3 题 C2

表 C-2 题 C2 的功能表

E	F	Y
0	0	$A \odot B$
0	1	$A \oplus B$
1	0	AB
1	1	$A+B$

知识点:组合电路设计,数据选择器。

解:(1) 逻辑函数 Y 的表达式为
$$Y = \overline{E}\overline{F}(A \odot B) + \overline{E}F(A \oplus B) + E\overline{F}AB + EF(A+B)$$
$$= \overline{A}\overline{B}\overline{F}\overline{E} + AB\overline{F}\overline{E} + A\overline{B}F\overline{E} + \overline{A}BF\overline{E} + ABF\overline{E} + AFE + BFE$$

(2) 用卡诺图比较数据输入和对应最小项的关系(也可直接由公式法比较)。令 $A_2 = A$,$A_1 = B$,$A_0 = F$ 则 $D_0 = \overline{E}$;$D_1 = D_2 = D_4 = 0$;$D_3 = D_5 = D_6 = 1$;$D_7 = E$。

(3) 画出逻辑图,如图 C.4 所示。

【题 C3】设计一位十进制数的四舍五入电路(采用 8421BCD 码)。要求只设定一个输出,画出真值表,写出逻辑表达式,并画出用二输入**与非门**实现的逻辑电路图。

知识点:组合电路设计,逻辑函数变换。

解:设用 $A_3A_2A_1A_0$ 表示该数,输出 F。真值表见表 C-3。

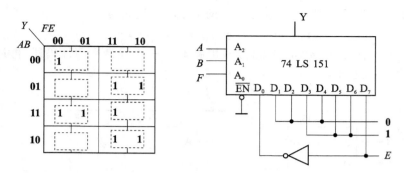

图 C.4 题 C2 逻辑电路

表 C-3 题 C3 的真值表

A_3	A_2	A_1	A_0	F
0	0	0	0	0
0	0	0	1	0
0	0	1	0	0
0	0	1	1	0
0	1	0	0	0
0	1	0	1	1
0	1	1	0	1
0	1	1	1	1
1	0	0	0	1
1	0	0	1	1
1	0	1	0	×
1	0	1	1	×
1	1	0	0	×
1	1	0	1	×
1	1	1	0	×
1	1	1	1	×

逻辑表达式为

$$F=\sum m(5,6,7,8,9)=\overline{\overline{A_3} \cdot \overline{A_2 A_1} \cdot \overline{A_2 A_0}}=\overline{\overline{A_3} \cdot \overline{\overline{A_2 A_1} \cdot \overline{A_2 A_0}}}$$

逻辑电路图如图 C.4 所示。

【题 C4】 设计 8421 编码串行传输检测电路。要求：输入信号 X 为串行输入(低位在前)，时钟为 CLK，输出信号为 Y(输入为正确 8421 码时输出为 **0**，错误时输出为 **1**)。要求：给出完整设计过程；其中包括状态转化图，并进行化简；使用 JK 触发器实现电路。

知识点：时序电路设计，JK 触发器。

解：原始状态转换图如图 C.5(a)所示。其中 H、L 的次态和输出相同，状态等价，合并为 H；I、J、K、M、N、P 为等价状态对，合并为 I。化简后的状态转换图如图 C.5(b)所示。

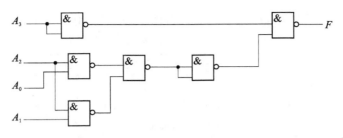

图 C.5 题 C3 的逻辑电路图

D、F 等价,合并为 D;E、G 等价,合并为 E。化简后状态转换图如图 C.5(c)所示。
B、C 等价,合并为 B,化简得到最简状态转换图如图 C.5(d)所示。

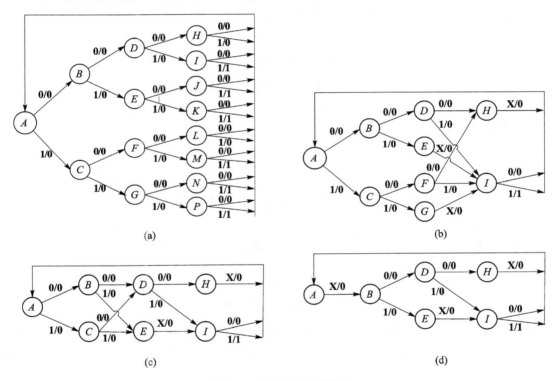

图 C.6 题 C4 状态转换图

状态化简后为 6 个状态,状态转换表见表 C-4。

表 C-4 题 C4 化简后的状态转化表

状态	0	1
A	$B/0$	$B/0$
B	$D/0$	$E/0$
D	$H/0$	$I/0$
E	$I/0$	$I/0$
H	$A/0$	$A/0$
I	$A/0$	$A/1$

电路共 6 个状态，需 3 个 JK 触发器。按自然序编码，即用 000、001、010、011、100、101 分别表示状态 A、B、D、E、H、I，得次态/输出卡诺图如图 C.7 所示。

XQ_2^n	$Q_1^n Q_0^n$			
	00	01	11	10
00	001/0	010/0	101/0	100/0
01	000/0	000/0	×××/×	×××/×
11	000/0	000/1	×××/×	×××/×
10	001/0	011/0	101/0	101/0

图 C.7　卡诺图

根据次态/输出卡诺图，求得激励方程和输出方程为

$$J_2 = Q_1^n, K_2 = 1$$
$$J_1 = \overline{Q_2^n} Q_0^n, K_1 = 1$$
$$J_0 = X\overline{Q_2^n} + \overline{Q_2^n}\overline{Q_1^n}, K_0 = \overline{X}Q_1^n + Q_2^n$$
$$Z = XQ_2^n Q_0^n$$

逻辑电路如图 C.8 所示。

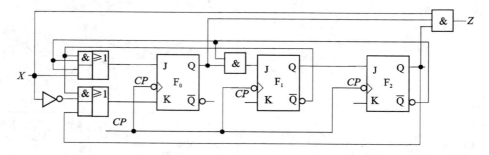

图 C.8　题 C4 的逻辑电路

【题 C5】设计一个三变量奇偶检验逻辑电路。当三变量 A、B、C 输入组合中的 **1** 的个数为奇数时 $F = 0$，否则 $F = 1$。请用 8 选 1 数据选择器 74LS151 实现该逻辑电路，如图 C.9 所示。要求：

(1) 列出该电路 $F(A, B, C)$ 的真值表和表达式；

(2) 画出逻辑电路图。

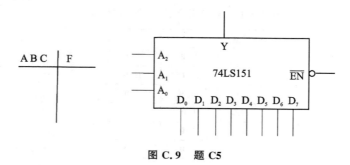

图 C.9　题 C5

知识点：组合电路设计，数据选择器。

解：(1)依题意得真值如表 C-5 所列。

表 C-5　题 C5 的真值表

次序	A B C	F
0	0 0 0	1
1	0 0 1	0
2	0 1 0	0
3	0 1 1	1
4	1 0 0	0
5	1 0 1	1
6	1 1 0	1
7	1 1 1	0

(2) 由真值表可得

$$F = m_0 + m_3 + m_5 + m_6$$

$$F = \overline{A} \cdot \overline{B} \cdot \overline{C} + \overline{A}BC + A\overline{B}C + AB\overline{C}$$

(3) 选用 8 选 1 数选器实现该逻辑电路，如图 C.10 所示。

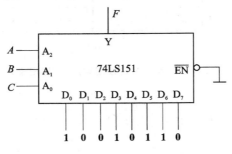

图 C.10　题 C5 的逻辑电路

【题 C6】(2018，北京航空航天大学考研题)555 定时器接法如图 C.11 所示，$R_A = R_B = 100 \text{ k}\Omega$，$C = 0.3 \text{ μF}$，请画出 u_o 的波形，并用上升沿触发的 JK 触发器和门电路设计一个对 u_o 进行五分频的同步时序逻辑电路，画出状态转换图、次态/输出卡诺图，写出 JK 触发器的激励方程和输出方程，画出电路图。

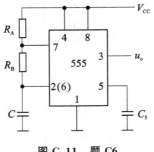

图 C.11　题 C6

知识点：时序电路设计，JK 触发器，555 定时器。

解：（1）输出 u_o 的波形如图 C.12 所示，其中 $T_1=42$ ms，$T_2=21$ ms，$T=63$ ms。

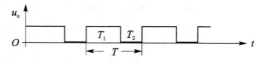

图 C.12 题 C6 的波形图

（2）设计五分频电路。画出状态转换图和次态/输出卡诺图，如图 C.13 所示。

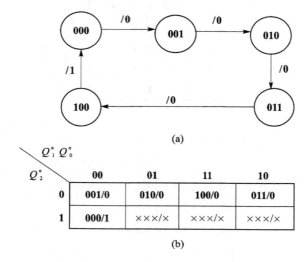

图 C.13 题 C6 状态转换图和次态/输出卡诺图

状态转换方程为

$$Q_2^{n+1}=Q_1^n Q_0^n;\ Q_1^{n+1}=\overline{Q_1^n}Q_0^n+Q_1^n\overline{Q_0^n};\ Q_0^{n+1}=\overline{Q_2^n}\overline{Q_0^n}$$

激励方程为

$$J_2=Q_1^n Q_0^n,\ K_2=1;\ J_1=Q_0^n,\ K_1=Q_0^n;\ J_0=\overline{Q_2^n},\ K_1=1$$

输出方程为

$$Y=Q_2^n$$

逻辑电路如图 C.14 所示。

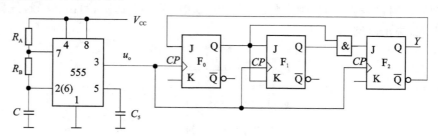

图 C.14 题 C6 的逻辑电路

【题 C7】 用 74LS283 和 SSI 设计二位乘法器。设两个乘数 A_1A_0 和 B_1B_0 为二位二进制数，乘积 $C_3C_2C_1C_0$ 为四位二进制数。

知识点：组合电路设计，集成四位加法器。

解：

方法一： 列竖式

$$
\begin{array}{r}
A_1 \quad A_0 \\
\times \quad B_1 \quad B_0 \\
\hline
A_1B_0 \quad A_0B_0 \\
+ \quad A_1B_1 \quad A_0B_1 \\
\hline
C_3 \quad C_2 \quad C_1 \quad C_0
\end{array}
$$

从而有

$$C_0 = A_0B_0;\ C_1 = A_1B_0 + A_0B_1 + C_{I0};\ C_2 = A_1B_1 + C_{I1};\ C_3 = C_{I2}$$

其中，C_{Ii} 为各位低位向高位的进位，在加法器进行加法计算时会自动产生。可用图 C.15(a) 所示逻辑电路实现二位乘法器。

方法二： 列表，见表 C-6。

表 C-6 题 C7 表

$A_1\ A_0$	$B_1\ B_0$	$C_3\ C_2\ C_1\ C_0$	加数 1	加数 2
0 0	× ×	0 0 0 0	0 0 0 0	0 0 0 0
0 1	$B_1\ B_0$	0 0 $B_1\ B_0$	0 0 0 0	0 0 $B_1\ B_0$
1 0	$B_1\ B_0$	0 $B_1\ B_0$ 0	0 $B_1\ B_0$ 0	0 0 0 0
1 1	$B_1\ B_0$	0 0B_1B_0+0$B_1B_0$0	0 $B_1\ B_0$ 0	0 0 $B_1\ B_0$

当 $A_1=1$ 时，加数 $1 = 0\ B_1 B_0 0$；$A_1=0$ 时，加数 $1=0$。

当 $A_0=1$ 时，加数 $2 = 00B_1B_0$；$A_0=0$ 时，加数 $2=0$。

可用图 C.15(b) 所示逻辑电路实现二位乘法器。

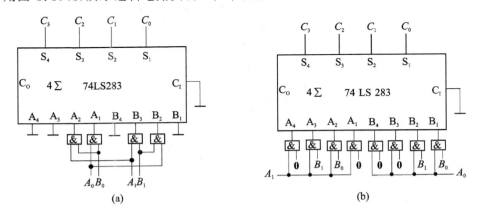

图 C.15 题 C7 逻辑电路

【**题 C8**】试用图 C.16(b) 所示计数器 74LS161（Q_3 是高位）、3 线-8 线译码器 74LS138 和少量门电路，实现图 C.16(a) 所示波形 V_{o1}、V_{o2}，其中 CP 为输入波形。要求：

(1) 列出计数器状态与 V_{o1}、V_{o2} 的真值表；
(2) 画出逻辑电路图。

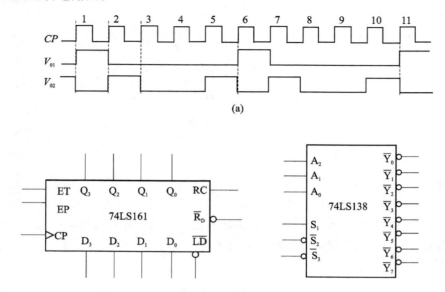

(a)

(b)

图 C.16　题 C8

知识点：时序电路设计，计数器，最小项译码器。

解：(1) 从波形图可得：该电路有 5 个状态，且电路为上升沿触发，穆尔型时序电路。任取 74LS161 加法计数器中的 5 个状态，这里取 0000～0100 共 5 个状态，映射得计数器状态与 V_{o1}、V_{o2} 的真值表见表 C-7。

表 C-7　题 C8 真值表

次序	$Q_3Q_2Q_1Q_0$	V_{o1}	V_{o2}
0	0000	0	1
1	0001	1	0
2	0010	0	1
3	0011	0	0
4	0100	0	0

(2) 从真值表得

$$V_{o1}=m_1=\overline{\overline{m_1}};\ V_{o2}=m_0+m_2=\overline{\overline{m_0}\cdot\overline{m_2}}$$

用 138 实现该函数，当使能端有效时有

$$V_{o1}=m_1=\overline{\overline{m_1}}=\overline{Y_1};\ V_{o2}=m_0+m_2=\overline{\overline{m_0}\cdot\overline{m_2}}=\overline{Y_0\cdot Y_2}$$

故可以连接如下

$$Q_3=\overline{S_2},\ \overline{S_3}=0,\ S_1=1,\ Q_2=A_2,\ Q_1=A_1,\ Q_0=A_0$$

其中，74LS161 构成 5 进制加法计数器，逻辑电路图如图 C.17 所示。

【题 C9】（2019，北京航空航天大学考研题）用图 C.18 所示的 4 位全加器 74LS283（A_4、

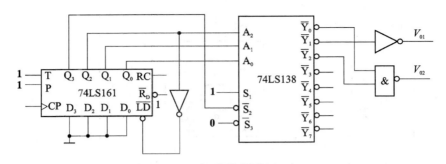

图 C.17 题 C8 的逻辑电路

B_4、S_4 是高位)加适当门电路设计一位十进制数加法器。要求:加数及和都是 8421BCD 码,并用图 C.18 所示的显示译码器 74LS48 和七段共阴极显示数码管显示十进制加数及和的值,当和的十位为 0 时,该位数码管熄灭。

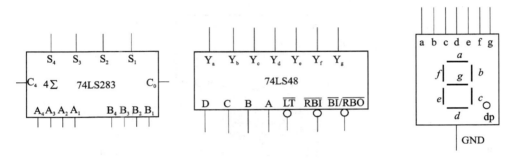

图 C.18 题 C9

知识点:组合电路设计,集成四位加法器,显示译码器,七段码显示器。

解:需两个全加器。第一个全加器完成两个数的加法运算,第二个全加器完成修正运算。

设第一个加法器的运算结果为 $F_4F_3F_2F_1$,进位输出为 C_4,第二个加法器中的加数为 0000 或 0110。有以下两种情况需加 0110:

(1) 当 $F_4F_3F_2F_1 > 9$ 时,需+6 产生进位并修正结果。直接将逻辑关系填入卡诺图(见图 C.19)并化简得

$$C_{F>9} = F_4F_3 + F_4F_2$$

(2) 当 $F_4F_3F_2F_1 > 15$ 产生进位 $C_4 = 1$ 输出时,需+6 修正结果,即

$$C_{F>15} = C_4$$

所以,需加 6 修正的逻辑关系为

$$C_{BCD} = F_4F_3 + F_4F_2 + C_4$$

十进制加法器逻辑电路如图 C.20 所示。

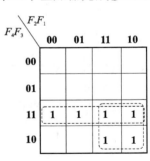

图 C.19 题 C9 卡诺图

【**题 C10**】用上升沿触发的 JK 触发器设计六进制减法计数器。画出状态转换图,画出状态转换表或次态/输出卡诺图,写出 JK 触发器的激励方程和借位输出方程,画出电路图,并进行自启动校验。

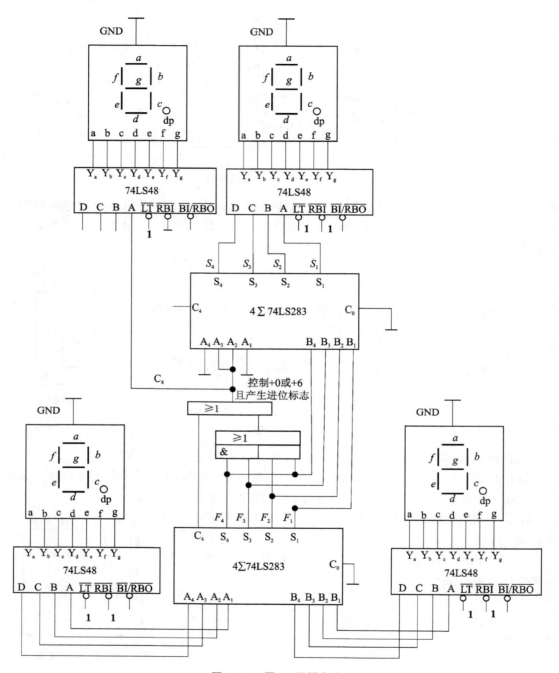

图 C.20 题 C9 逻辑电路

知识点：时序电路设计，JK 触发器。

解：根据题意画出状态转换图和次态/输出卡诺图，如图 C.21 所示。

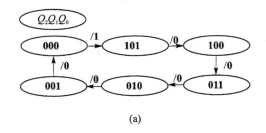

(a)

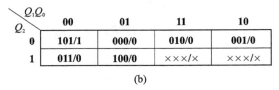

(b)

图 C.21　题 10 的状态转换图和次态/输出卡诺图

根据次态/输出卡诺图,求得激励方程和输出方程为

$$J_2=\overline{Q}_1^n\overline{Q}_0^n,\ K_2=\overline{Q}_0^n,\ J_1=Q_2^n\overline{Q}_0^n,\ K_1=\overline{Q}_0^n,\ J_0=K_0=1$$
$$Z=\overline{Q}_2^n\overline{Q}_1^n\overline{Q}_0^n$$

逻辑电路图如图 C.22 所示。

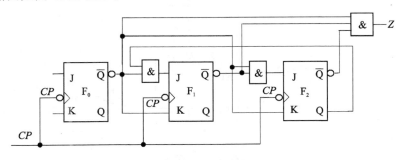

图 C.22　题 C10 逻辑电路

根据设计的逻辑电路,画出状态图,如图 C.23 所示,可以看出该电路能自启动。

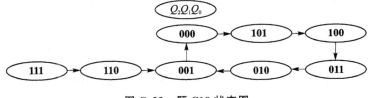

图 C.23　题 C10 状态图

【题 C11】 用 74LS290 和 74LS151(见图 C.23)实现序列信号发生器,周期性输出 '1111000' 电平,并以此序列信号作为某行人通道的红灯控制信号,使其亮 20 s、灭 15 s。画出电路连接图,标明时钟信号的周期。

知识点:时序电路设计,计数器,数据选择器。

解: 由 2/5/10 进制计数器 74LS290 依次产生 000~110 七个计数状态,将计数器输出接至八选一数据选择器 74LS151 的选择控制端 S_2、S_1、S_0,在 74LS151 的数据输入端 $D_0 \sim D_6$ 接

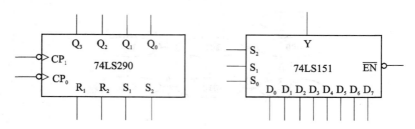

图 C.24 题 C11

入 1111000,当控制端依次出现 000～110 时 Z 将循环输出信号为 '1111000'。逻辑电路图如图 C.25 所示。

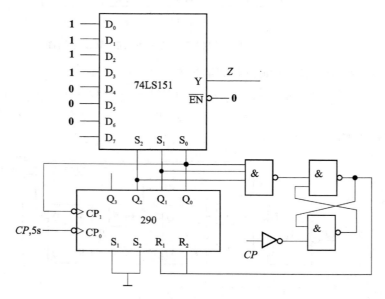

图 C.25 题 C11 的逻辑电路

【题 C12】用 JK 触发器和适当门电路设计 1101 序列信号检测器,画出原始状态转换图,进行状态编码,画出状态转换表或次态输出卡诺图,写出 JK 触发器的激励方程和输出方程,画出电路图。

知识点:时序电路设计,JK 触发器。

解:

方法 1:画出原始状态图如图 C.26(a)所示,有 4 个状态,需两个 JK 触发器,用编码 **00**、**01**、**10**、**11** 对状态 A、B、C、D 编码,画出次态/输出卡诺图,如图 C.26(b)。

根据次态/输出卡诺图,求得激励方程和输出方程为

$$J_1 = X\overline{Q_0^n}, K_1 = Q_0^n, \quad J_0 = X\overline{Q_1^n} + \overline{X}Q_1^n, K_0 = \overline{Q_1^n} + \overline{X}$$

$$Z = XQ_1^n Q_0^n$$

方法 2:若采用逻辑相邻码编码,即用编码 **00**、**01**、**11**、**10** 对状态 A、B、C、D 编码,则采用同样方法可以求得激励方程和输出方程为

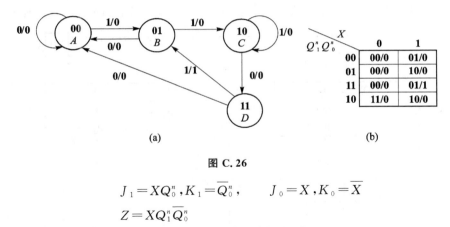

图 C.26

$$J_1 = XQ_0^n, K_1 = \overline{Q_0^n}, \quad J_0 = X, K_0 = \overline{X}$$
$$Z = XQ_1^n \overline{Q_0^n}$$

可以看出,此时激励更简单,其逻辑电路如图 C.27 所示。

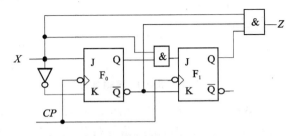

图 C.27 题 C12 逻辑电路

【题 C13】(2017,北京航空航天大学考研题)设计一个能在 0~59 s 之间计时的计时器(最小计时单位为 1s)。当按钮按下时(开关断开),开始计时;再按一次按钮(开关闭合)时,计时停止。当计数值计到 59 时,CP 再来一个触发脉冲,计数值变为 0,继续计数。请用图 C.28 中给出的集成定时器 555、集成十进制计数器 74LS160、开关按钮和适当的门电路实现上述功能。画出该计时器的逻辑电路图,并给出集成定时器 555 中电阻、电容参数的取值。

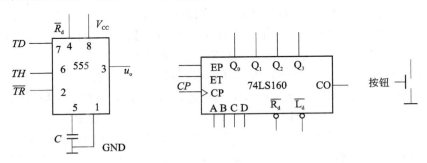

图 C.28 题 C13

知识点:时序电路设计,计数器,555 定时器。

解:用集成定时器 555 产生周期为 1 s 的时钟信号,接成多谐振荡器电路,且满足 $0.7(R_A + 2R_B)C_1 = 1$ s,可取 $C_1 = 100$ μF,$R_A = R_B = 4.8$ kΩ。

用两片 74LS160 级联,产生 60 进制计数器,其时钟输入为 1 s,即将 555 的输出接 74LS160 的触发输入。

用按钮控制 74LS160 的 CP，从而控制是否继续计时，逻辑电路如图 C.29 所示。

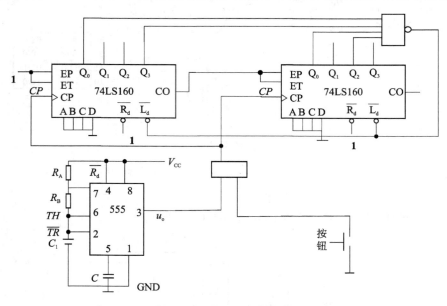

图 C.29　题 C13 逻辑电路

【题 C14】（2019，北京航空航天大学考研题）如图 C.30(a)所示，某段公路设置了"按钮式行人过街红绿灯"。在没有行人过街请求时，交通信号灯的机动车灯为常绿灯（绿灯 2 亮），行人信号灯为常红灯（红灯 1 亮）。当有行人需要过街时，按下行人过街按钮（按钮 1 或按钮 2）之后 10 s 内，机动车信号灯变为黄灯亮（黄灯 2 亮 10 s），行人信号灯仍保持为红灯亮（红灯 1 继续亮 10 s）；之后，行人信号灯由红灯转换为绿灯（绿灯 1 亮 20 s），机动车灯由黄灯转换为红灯，保证行人通行安全；再后，行人信号灯由绿灯转换为红灯（红灯 1 亮 30 s），机动车灯由红灯恢复为绿灯，至少保持 30 s，完成一个通行周期。（当已有行人按下按钮时，在一个通行周期内，重复按按钮是没有效果的。）

试用图 C.30(b)给出的 16 进制计数器 74LS161（Q_3 是高位、D 是高位）、八选一数据选择器 74LS151（A_2 是高位）、4 位集成寄存器 74LS175 实现上述功能中行人绿灯 1 的控制。

知识点：时序电路设计，计数器，数据选择器，并行寄存器。

解：用 74LS175 中的 2 个 D 触发器实现按钮控制。按钮未按下时，其 $Q=0$，$CP=\overline{CP_1}$ 有效，实时采集按钮信号；有按钮按下时，$CP=1$，进入通行周期，不再采集按钮信号。

用 74LS161 实现通行周期控制。其 EP 或 ET 受按钮的状态控制。当无按钮按下时，EP 或 $ET=0$，不计数；有按钮按下时 $EP=ET=1$，开始计数（74LS161 的 $T_{CP}=10$ s）。用 74LS161 实现七进制计数器（如计数初值取为 0，计数值为 0~6，当计到 7 时异步清 0），计数 60 s 时，74LS161 产生清零信号，完成一个通行周期。此清 0 信号同时可控制 74LS175 的清零信号，使其 $Q=0$，从而使 74LS161 的 EP 或 $ET=0$，停止计数，并可继续采集按钮信号。

74LS151 的选择信号来自计数器 74LS161，数据信号给出通行周期的绿灯控制信号，其 $D_0 \sim D_7$ 为 00110000，使绿灯 1 亮 20 s。

逻辑电路如图 C.31 所示。

综合训练 C 数字电路设计题

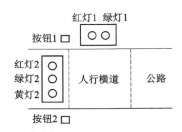

(a) 按钮式行人过街红绿灯示意图

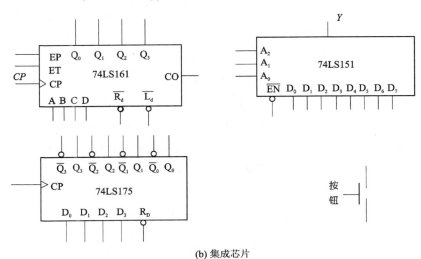

(b) 集成芯片

图 C.30 题 C14

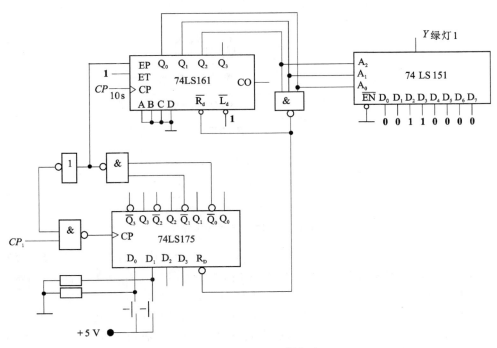

图 C.31 题 C14 逻辑电路

【题 C15】用图 C.32 所示的集成加法器 74LS283 和集成 2-5-10 异步计数器 74LS290（Q_3 是高位，CP_0 与 Q_0 对应）实现八进制减法计数器。计数顺序为 0000→0111→0110→0101→0100→0011→0010→0001→0000。

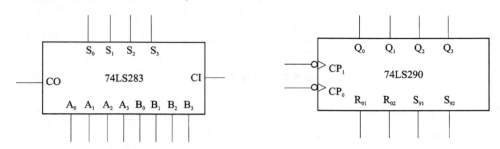

图 C.32 题 C15

知识点：时序电路设计，计数器，集成四位加法器。

解：74LS290 接成八进制加法计数器，$Q=0000→0001→0010→\cdots→0111→0000$。

74LS283 接成减法器，用 $0111-Q$，输出 $S_3S_2S_1S_0$ 为计数值，0000→0111→0110→0101→0100→0011→0010→0001→0000。逻辑电路连接如图 C.33 所示。

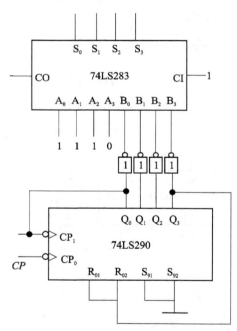

图 C.33 题 C15 逻辑电路

【题 C16】如图 C.34(a) 所示，某水库装有 A、B、C 三个水位传感器，当传感器浸没在水中时，A、B、C 输出 **1**，否则输出 **0**。当水位低于 A 时，大小闸门 G_S、G_L 均关闭蓄水；当水位超过 A 但不到 B 时，开小闸门 G_S 放水；当水位超过 B 但不到 C 时，开大闸门 G_L 放水；当水位超过 C 时，大小闸门 G_S、G_L 同时打开放水泄洪。试设计一个闸门 G_S、G_L 的逻辑控制电路，给出真值表，并用图 C.34(b) 所示的最小项译码器集成芯片 74LS138（输入二进制码中 A_2 是高位）附加适当的门电路实现该逻辑电路。

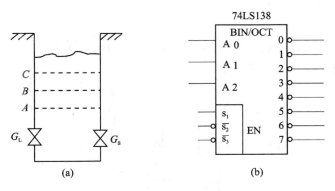

图 C.34 题 C16

知识点：组合电路设计，最小项译码器。

解：设闸门 G_S、G_L 开时为 1。

真值表见表 C-8。可写出两个闸门的逻辑关系式为

$$G_S = m_4 + m_7; \quad G_L = m_6 + m_7$$

用 74LS138 实现的逻辑电路如图 C.35 所示。

表 C-8 题 C16 真题表

A	B	C	G_S	G_L
0	0	0	0	0
0	0	1	×	×
0	1	0	×	×
0	1	1	×	×
1	0	0	1	0
1	0	1	×	×
1	1	0	0	1
1	1	1	1	1

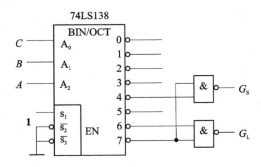

图 C.35 题 C16 逻辑电路

【**题 C17**】将逻辑函数 $P = AB + AC$ 写成**与或非**表达式，并用"集电极开路与非门"来实现。

知识点：组合电路设计，OC 门。

解：
$$P = AB + AC = \overline{\overline{AB + AC}} = \overline{\overline{A} + \overline{BC}} = \overline{\overline{A}} \cdot \overline{\overline{BC}}$$

OC 与非门实现如图 C.36 所示。

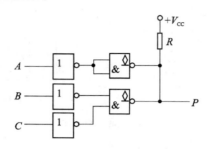

图 C.36 题 C17 OC 与非门实现

【**题 C18**】(2014,北京航空航天大学考研题)设计一个组合逻辑电路，X 为输入变量，Y 为输出函数。X 输入为 4 位二进制数，Y 输出也为 4 位二进制数。当 $X<8$ 时，$Y=X+1$；当 $X \geqslant 8$ 时，$Y=X-1$。求输出 Y 的 4 位二进制数 $Y_3Y_2Y_1Y_0$ 的表达式，并用如图 C.37 所示的最小项译码器集成芯片 74LS138 附加适当的门电路实现该电路。

知识点：组合电路设计，最小项译码器。

解：设输入变量为 $ABCD$，输出 $Y = Y_3Y_2Y_1Y_0$，当 $ABCD$ 表示的十六进制数 $X<8$ 时，$Y=X+1$；当 $X \geqslant 8$ 时，$Y=X-1$。写出真值表，见表 C-9。

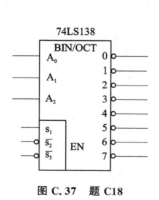

图 C.37 题 C18

表 C-9 题 C18 真值表

次序	X $ABCD$	Y $Y_3Y_2Y_1Y_0$
0	0000	0001
1	0001	0010
2	0010	0011
3	0011	0100
4	0100	0101
5	0101	0110
6	0110	0111
7	0111	1000
8	1000	0111
9	1001	1000
10	1010	1001
11	1011	1010
12	1100	1011
13	1101	1100
14	1110	1101
15	1111	1110

写出输出 $Y_3Y_2Y_1Y_0$ 的逻辑表达式为

$Y_3 = \sum m(15,14,13,12,11,10,9,7)$
$= ABCD + ABC\bar{D} + AB\bar{C}D + AB\bar{C}\bar{D} + A\bar{B}CD + A\bar{B}C\bar{D} + \bar{A}BCD + A\bar{B}\bar{C}D$
$= AB + AD + AC + BCD$（用 74LS138 实现逻辑电路，可不化简）

$Y_2 = \sum m(15,14,13,8,6,5,4,3) = \overline{AB\bar{C}} + ABD + BC\bar{D} + A\bar{B}\bar{C}\bar{D} + \bar{A}\bar{B}CD$

$Y_1 = \sum m(15,12,11,8,6,5,2,1) = AC\bar{D} + \overline{A}CD + ACD + \overline{A}C\bar{D}$

$Y_0 = \sum m(14,12,10,8,6,4,2,0) = \bar{D}$

该电路为 4 输入-4 输出电路，需将 74LS138 级联扩展成 4 线-16 线译码器，再加 4 个**与非门**实现逻辑电路，如图 C.38 所示。

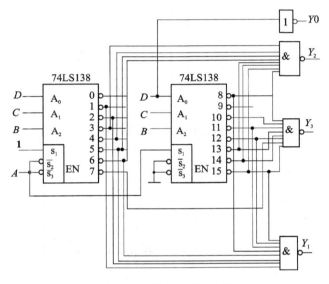

图 C.38 题 C18 逻辑电路

【题 C19】试用八选一数据选择器及适当门电路实现下面逻辑关系：
$$F(A,B,C,D) = \bar{A}B + \bar{A}\bar{B}\bar{C}D + A\bar{C}D + AC\bar{D} + ABCD$$

知识点：组合电路设计，数据选择器。

解：将 F 表达式改写成标准式
$$F(A,B,C,D) = \sum m(1,2,4,5,6,7,9,13,15)$$

画出卡诺图（见图 C.39），分成 8 个区域，用八选一数据选择器实现逻辑功能，其数据输入应为：$D_0 = D_4 = D_6 = D_7 = D, D_1 = \bar{D}, D_2 = D_3 = 1, D_5 = 0$。

画出电路图，如图 C.40 所示。

【题 C20】利用集成计数器 74LS290（见图 C.41）的清零端实现 64 进制计数器，并保证可靠清零；用七段码显示计数值；十位的零不显示。连接电路图，实现以上功能。

知识点：异步计数器，显示译码器，七段码显示器。

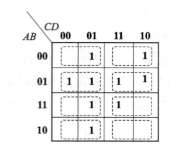

图 C.39　题 C19 卡诺图

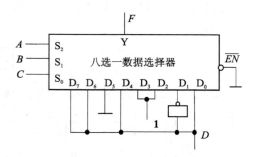

图 C.40　题 C19 电路图

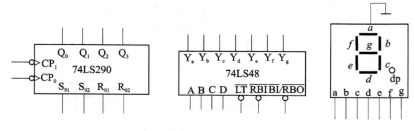

图 C.41　题 C20

解：将 74LS290 接成 64 进制计数器，用异步清零端，加可靠清零。其 Q 端输出接至显示译码器的数据输入，显示译码器的输出接至数码管显示器的输入端，逻辑电路如图 C.42 所示。

【**题 C21**】(2018，北京航空航天大学考研题）如图 C.43 所示，用一片八选一数据选择器 74LS151 和与非门设计一个组合逻辑电路，用来判断 4 位二进制数 $ABCD$ (A 为高位，D 为低位）能否被三整除。要求：写出完整设计过程。

知识点：组合电路设计，数据选择器。

解：根据题意写出最小项表达式 $F=\sum m(0,3,6,9,12,15)$，真值表见表 C-10。

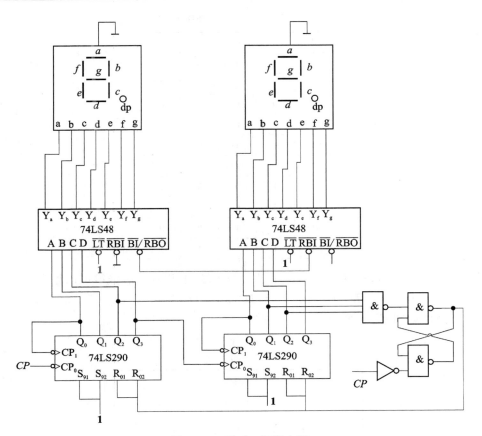

图 C.42 题 C20 逻辑电路

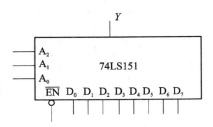

图 C.43 题 C21

表 C-10

A	B	C	D	F
0	0	0	0	1
0	0	0	1	0
0	0	1	0	0
0	0	1	1	1
0	1	0	0	0
0	1	0	1	0

续表 C-10

A	B	C	D	F
0	1	1	0	1
0	1	1	1	0
1	0	0	0	0
1	0	0	1	1
1	0	1	0	0
1	0	1	1	0
1	1	0	0	1
1	1	0	1	0
1	1	1	0	0
1	1	1	1	1

用 ABC 作为数据选择器 74LS151 的选择输入端,利用真值表降维可以得到

$D_0=\overline{D}$, $D_1=D$, $D_2=0$, $D_3=\overline{D}$, $D_4=D$, $D_5=0$, $D_6=\overline{D}$, $D_7=D$

逻辑电路图如图 C.44 所示。

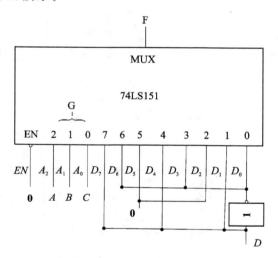

图 C.44 题 C21 逻辑电路

【题 C22】某十字路口交通信号灯的控制状态如表 C-11 所示,一分钟循环一次。用图 C.45 所示的集成 16 进制同步计数器 74LS161(Q_3、D_3 为高位)、八选一数据选择器 74LS151(A_2 为高位)和适当的门电路实现交通灯信号的控制。

表 C-11 交通信号灯控制表

南北方向	东西方向
红灯亮 40 s	绿灯亮 40 s
绿灯亮 20 s	红灯亮 20 s

知识点:时序电路设计,计数器,数据选择器。

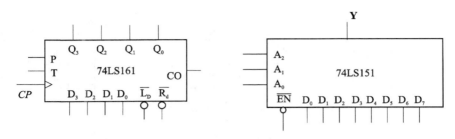

图 C.45 题 C22

解：为使南北方向红灯亮 40 s、灭 20 s，计数器 74LS161 的时钟输入端接周期为 20 s 的时钟信号，将 74LS161 设计三进制计数器，其计数输出 $Q_2Q_1Q_0$ 接至数据选择器 74LS151 的选择控制端，74LS151 的数据输入端 $D_0 \sim D_2$ 接 **110**。

东西方向的绿灯与南北方向的红灯具有相同的逻辑关系，另外两个灯的逻辑关系与其相反，加个非门就可实现。

逻辑电路图如图 C.46 所示。

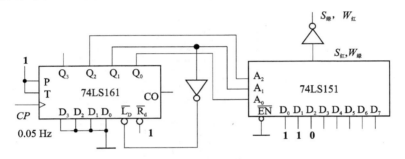

图 C.46 题 C22 逻辑电路

【**题 C23**】设计一个自动检测信号电路，要求当串行输入数据 X 连续输入三个 **0** 即 **000** 时，输出为 **1**，否则输出为 **0**。(不必画电路和检验自启动)

知识点：时序电路设计，D 触发器(或 JK 触发器)。

解：电路有三种状态(输入 1、输入一个 0、输入两个 0)，需要用 2 个触发器实现，用触发器的状态 **00**、**01**、**10** 对三种状态编码。画出原始状态图和次态/输出卡诺图，如图 C.47 所示。

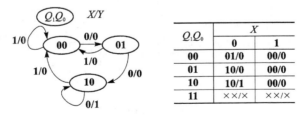

Q_1Q_0	X	
	0	1
00	01/0	00/0
01	10/0	00/0
10	10/1	00/0
11	××/×	××/×

图 C.47 题 C23

卡诺图(见图 C.48)化简得状态转换方程(若用 D 触发器实现，即为激励方程)和输出方程为

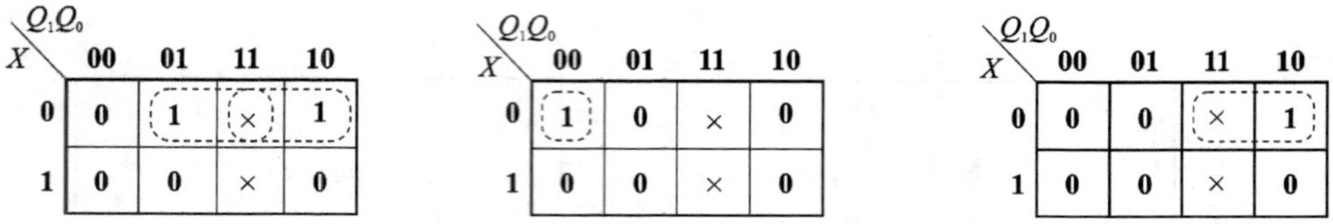

图 C.48　题 C23 卡诺图

$$Q_1^{n+1} = \overline{X}Q_0^n + \overline{X}Q_1^n$$
$$Q_0^{n+1} = \overline{X}\,\overline{Q_0^n}\,\overline{Q_1^n}$$
$$Y = \overline{X}Q_1^n$$

【题 C24】（2018 年北京航空航天大学考研题）用图 C.49 所示的集成十六进制计数器 74LS161（Q_3 是高位）和 3 线－8 线译码器 74LS138（A_2 是高位）设计一个灯光控制逻辑电路。要求红、绿两种颜色的灯在时钟信号作用下按表 C-12 所示的顺序转换状态，表中 **1** 表示灯亮，**0** 表示灯灭。

表 C-12　题 C24 顺序转换状态

CP	红灯	绿灯
0	0	0
1	0	1
2	1	0
3	0	1
4	1	0
5	0	1
6	0	0
7	1	1

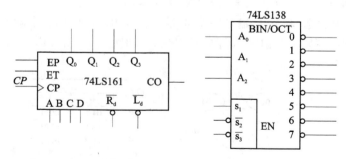

图 C.49　题 C24 集成芯片

知识点：时序电路设计，计数器，最小项译码器。

解：用 74LS161 设计八进制计数器，控制译码器 74LS138 在 $\overline{Y_0}$ 到 $\overline{Y_7}$ 之间循环输出低电平有效，从而控制红灯、绿灯在时钟信号作用下按要求亮灭。逻辑电路如图 C.50 所示。

【题 C25】 采用上升沿触发的 D 触发器设计一种进制可控的同步加法计数器，按照自然二

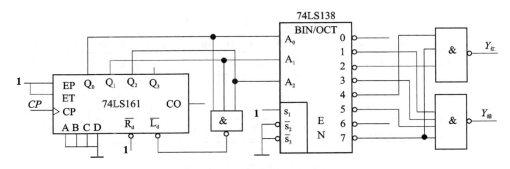

图 C.50 题 C24 逻辑电路

进制编码进行加法计数。当输入 $A=0$ 时,为七进制计数器;当 $A=1$ 时,为五进制计数器;要求具有自启动功能。

(1) 分析设计要求,绘出状态转换图和状态转换表;
(2) 求出最简的驱动方程;
(3) 进行自启动检查;如果必要,对设计进行修正,使之能够自启动;
(4) 绘制设计的电路图。

知识点:时序电路设计,D 触发器。

解:(1)根据题目要求,画出状态转换图及状态转换表,如图 C.51 和表 C-13 所示。

表 C-13 题 C25 状态转换表

A	Q_2	Q_1	Q_0	Q_2^{n+1}	Q_1^{n+1}	Q_0^{n+1}
0	0	0	0	0	0	1
0	0	0	1	0	1	0
0	0	1	0	0	1	1
0	0	1	1	1	0	0
0	1	0	0	1	0	1
0	1	0	1	1	1	0
0	1	1	0	0	0	0
0	1	1	1	×	×	×
1	0	0	0	0	0	1
1	0	0	1	0	1	0
1	0	1	0	0	1	1
1	0	1	1	1	0	0
1	1	0	0	0	0	0
1	1	0	1	×	×	×
1	1	1	0	×	×	×
1	1	1	1	×	×	×

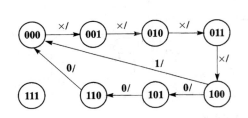

图 C.51 题 C25 状态转换图

(2) 由 D 触发器的特性方程 $Q_i^{n+1}=D_i$ 可知,对 Q_i^{n+1} 卡诺图(见图 C.52)化简即得驱动

方程如下

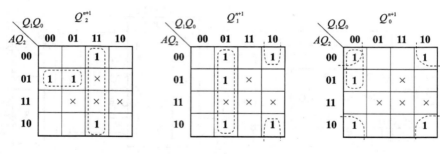

图 C.52 题 C25 Q^{n+1} 卡诺图

$$D_2 = \overline{A}Q_2\overline{Q_1} + Q_1Q_0$$
$$D_1 = \overline{Q_1} \cdot Q_0 + \overline{Q_2}Q_1\overline{Q_0}$$
$$D_0 = \overline{A} \cdot \overline{Q_1} \cdot \overline{Q_0} + \overline{Q_2} \cdot \overline{Q_0}$$

(3) 自启动检查。根据驱动方程(D 触发器的状态转换方程)，解算无关项的次态，补全状态转换图，如图 C.53 所示。可以看出，该电路可以自启动。

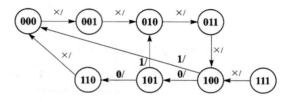

图 C.53 题 C25 状态转换图

(4) 逻辑电路图如图 C.54 所示。

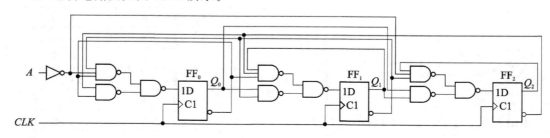

图 C.54 题 C25 逻辑电路

【题 C26】设计一个彩灯控制的时序逻辑电路，要求红(R)、黄(Y)、绿(G)三种颜色的灯在时钟信号 CP 的作用下按表 C-14 规定的顺序转换状态。表中 **1** 表示"亮"，**0** 表示"灭"。要求电路能够自启动。可供选用的器件有上升沿触发的 JK 触发器、与非门、反相器。请简要说明设计过程，并绘制电路图。

表 C-14

CP	红（R）	黄（Y）	绿（G）
0	0	0	1
1	0	1	0
2	1	0	1
3	0	1	1
4	1	1	1
5	1	1	0
6	1	0	0

循环

知识点：时序电路设计，JK 触发器。

解：

方法一：用 3 个 JK 触发器构造出七进制计数器，再对计数状态进行译码，得到序列输出。状态转换表见表 C-15。

表 C-15　题 C26 状态转换表（1）

Q_2	Q_1	Q_0	Q_2^{n+1}	Q_1^{n+1}	Q_0^{n+1}	R	Y	G
0	0	0	0	0	1	0	0	1
0	0	1	0	1	0	0	1	0
0	1	0	0	1	1	1	0	1
0	1	1	1	0	0	0	1	1
1	0	0	1	0	1	1	1	1
1	0	1	1	1	0	1	1	0
1	1	0	0	0	0	1	0	0
1	1	1	×	×	×	×	×	×

卡诺图（见图 C.55）化简得状态方程（对于 JK 触发器，采用鸿沟形式可使激励方程简单）如下：

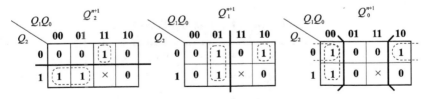

图 C.55　题 C26 卡诺图（1）

$$Q_2^{n+1} = Q_1 Q_0 \cdot \overline{Q_2} + \overline{Q_1} Q_2$$

$$Q_1^{n+1} = Q_0 \overline{Q_1} + \overline{Q_2} \cdot \overline{Q_0} Q_1$$

$$Q_0^{n+1} = \overline{Q_2} \cdot \overline{Q_0} + \overline{Q_1} \cdot \overline{Q_0}$$

从而得到驱动方程为

$$J_2 = Q_1 Q_0, \quad K_2 = Q_1$$
$$J_1 = Q_0, \quad K_1 = \overline{\overline{Q_2} \cdot \overline{Q_0}}$$
$$J_0 = \overline{Q_2} + \overline{Q_1} = \overline{\overline{Q_2} \cdot Q_1}, \quad K_0 = 1$$

同理卡诺图(见图 C.56)化简得输出方程如下

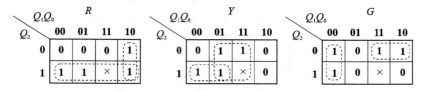

图 C.56 题 C26 卡诺图(2)

$$R = Q_2 + Q_1 \overline{Q_0}$$
$$Y = Q_0 + Q_2 \overline{Q_1}$$
$$G = \overline{Q_1} \cdot \overline{Q_0} + \overline{Q_2} \cdot Q_1$$

电路原理图如图 C.57 所示。

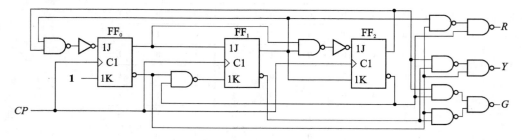

图 C.57 题 C26 电路原理图(1)

方法二:

采用 3 个触发器,分别代表红、黄、绿的状态 Q_R、Q_Y 和 Q_G。

状态转换表见表 C-16。

表 C-16 题 C26 状态转换表(2)

Q_R	Q_Y	Q_G	Q_R^{n+1}	Q_Y^{n+1}	Q_G^{n+1}
0	0	0	×	×	×
0	0	1	0	1	0
0	1	0	1	0	1
0	1	1	1	1	1
1	0	0	0	0	1
1	0	1	0	1	1
1	1	0	1	0	0
1	1	1	1	0	0

卡诺图(见图 C.58)化简,得状态方程为

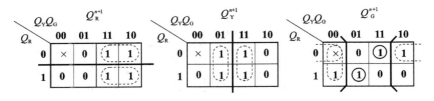

图 C.58 题 C26 卡诺图(2)

$$Q_R^{n+1} = Q_Y \overline{Q_R} + Q_Y Q_R$$
$$Q_Y^{n+1} = Q_G \overline{Q_Y} + Q_G Q_Y$$
$$Q_Y^{n+1} = (\overline{Q_Y} + \overline{Q_R})\overline{Q_G} + (Q_R \overline{Q_Y} + \overline{Q_R} Q_Y) Q_G$$

驱动方程为

$$J_R = Q_Y, \quad K_R = \overline{Q_Y}$$
$$J_Y = Q_G, \quad K_Y = \overline{Q_G}$$
$$J_G = \overline{Q_Y Q_R}, \quad K_G = \overline{Q_R \overline{Q_Y} + \overline{Q_R} Q_Y} = \overline{Q_R Q_Y + \overline{Q_R} \cdot \overline{Q_Y}} = \overline{\overline{Q_R Q_Y} \cdot \overline{\overline{Q_R} \cdot \overline{Q_Y}}}$$

绘制逻辑电路图如图 C.59 所示。

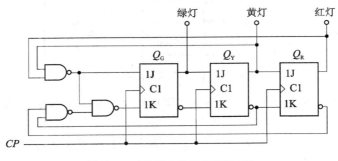

图 C.59 题 C26 电路原理图(2)

在方法二中,Q_R、Q_Y 和 Q_G 代表红、黄、绿灯的状态,不需要设计输出电路,更简单。

【题 C27】 设计一个游戏机的开启控制的逻辑电路。该游戏机的投币口每次只能投入一枚五角或一元的硬币。累计投入二元硬币后游戏机开启;投入一元五角硬币后,再投入一枚一元硬币则游戏开始,同时找回五角硬币。

(1) 画出状态转换图,写出状态转换表;
(2) 写出卡诺图化简过程,求出状态方程表达式。

知识点:时序电路设计,D 触发器或 JK 触发器。

解:设逻辑变量 A 和 B 分别表示投一元币和投五角币,投入硬币为 1;逻辑变量 Y 和 Z 分别表示游戏开始和找钱,$Y=1$ 表示游戏开始;$Z=1$ 表示找回一枚五角硬币。画出原始状态转换图如图 C.60 所示,其中 $S_0 \sim S_3$ 分别表示未投币、投入五角硬币、投入一元硬币、投入一元五角硬币的状态。

有 4 个状态,需用 2 个触发器,触发器的状态的 $Q_1 Q_0$ 的 00、01、10、11 分别代表 S_0、S_1、S_2、S_3,画出次态/输出卡诺图如图 C.61 所示。

将卡诺图分解,分别画出表示 Q_1^{n+1}、Q_0^{n+1}、Y、Z 的卡诺图。

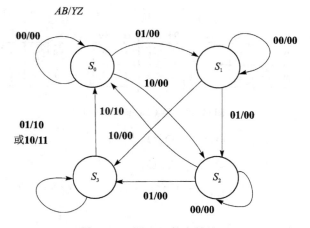

图 C.60 题 C27 状态转换图

图 C.61 题 C27 次态/输出卡诺图

$Q_1^n Q_0^n$ \ AB	00	01	11	10
00	00/00	01/00	××/×	10/00
01	01/00	10/00	××/×	11/00
11	11/00	00/10	××/×	00/11
10	10/00	11/00	××/×	00/10

若选用 D 触发器，则从图 C.62 所示卡诺图可写出电路的状态方程、驱动方程和输出方程分别为

$$D_1 = Q_1^{n+1} = Q_1^n \overline{A}\,\overline{B} + \overline{Q_1^n} A + \overline{Q_1^n} Q_0^n B + Q_1^n \overline{Q_0^n}\,\overline{A}$$

$$D_0 = Q_0^{n+1} = \overline{Q_1^n} Q_0^n A + Q_0^n \overline{A}\,\overline{B} + \overline{Q_0^n} B$$

$$Y = Q_1^n A + Q_1^n Q_0^n B, \quad Z = Q_1^n Q_0^n$$

【题 C28】 使用 4 位同步二进制计数器 74161（如图 C.63 所示），设计一个 13 进制的计数器；要求计数器必须包括状态 **0000** 和 **1111**，并且利用原芯片的进位端 C 作为十三进制计数器的进位输出，可以附加必要的门电路。74161 的功能如表 C‑17 所列。

表 C‑17 74161 的功能

CLK	$\overline{R_D}$	$\overline{LD}$	EP	ET	工作状态
×	0	×	×	×	清零
↑	1	0	×	×	预置数
×	1	1	0	1	保持
×	1	1	×	0	保持(但 $C=0$)
↑	1	1	1	1	计数

知识点：时序电路设计，计数器。

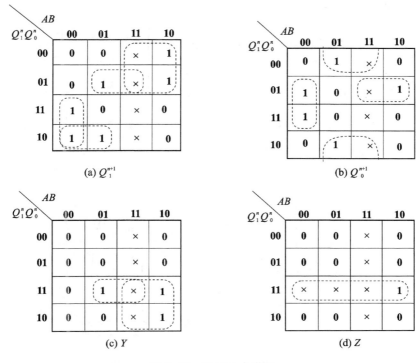

图 C.62 题 C27 卡诺图

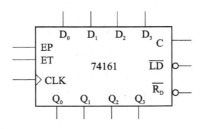

图 C.63 题 C28 的计数器

解：

方法一： 电路接法如图 C.64(a) 所示。有效计数状态：$0000 \rightarrow 0100 \rightarrow 0101 \rightarrow \cdots \rightarrow 1111 \rightarrow$（循环回到）$0000$，跳过 0001，0010，0011，十三进制。

方法二： 电路接法如图 C.64(b) 所示。有效计数状态：$0000 \rightarrow 0001 \rightarrow 0010 \rightarrow \cdots \rightarrow 1010 \rightarrow 1011 \rightarrow 1111 \rightarrow$（循环回到）$0000$，跳过 1100，1101，1110，十三进制。

【题 C29】 由一个三位二进制加法计数器和一个 ROM 构成的电路如图 C.65(a) 所示，
(1) 写出输出 F_1、F_2、F_3 的表达式；
(2) 用 C.64(b) 所示的 3 线/8 线译码器 74LS138 和与非门实现 F_1、F_2、F_3 的表达式。

知识点： 组合电路分析，只读存储器，组合电路设计，最小项译码器。

解：（1）输出表达式为

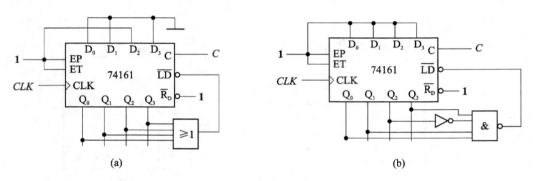

图 C.64　题 C28 实现电路

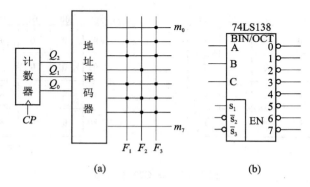

图 C.65　题 C28 电路

$$F_1 = \sum m(1,2,4,5)$$
$$F_2 = \sum m(3,5,6)$$
$$F_3 = \sum m(0,1,2,4,5,6)$$

(2) 用 3 线 - 8 线译码器 74LS138 实现电路如图 C.66 所示。

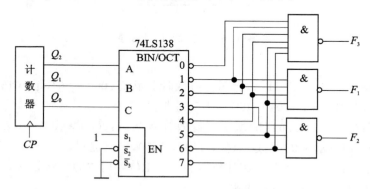

图 C.66　题 C29 实现电路